超科少年
SSJ 3

Super
Science
Jr.

目錄

營養均衡的科學素養漫畫餐

004

營養均衡的科學素養漫畫餐

文／吳俊輝（台灣大學副國際長、物理系暨天文物理所教授）

這是一部很有意思的創意套書，但很遺憾的在我那個年代並不存在。

我小時候看過不少漫畫書、故事書和勵志書，那是在閱讀課本之餘的一種舒放與解脫，然而這部套書則是一個綜合體，巧妙的將生硬的課本內容與漫畫書、故事書、及勵志書等融合在一起，讓讀者像是被煮青蛙一般，不知不覺的被科學洗腦，被深深的植入科學素養及人生毅力的種子。

這部套書聚焦在四位劃時代的科學家身上，他們巧妙的串起了人類科學史上的黃金三百年，當年的成果早已深深的潛移入我們當今仍在使用的許多科學原理中，而這些突破絕非偶然。

針對每位科學家，這部書都先從引人入勝的漫畫形式切入，若從專業的角度來看，科學界的前輩們或許會覺得漫畫中的許多情節恐怕難脫冗餘之名，但是若去除掉這些潤滑劑，它就會像是沒有開胃菜、配菜、佐料、甜點及水果的牛排餐，只有單單一塊沒有調味的牛排，想直接塞入學童們的口中，而我們的教科書經常就像是這樣，以為這才是最有效率的營養提供方式。台灣的許多科學教科書，甚至更像是營養膠囊，沒有飲食的樂趣，難怪大多數人都會覺得自然學科很生澀，在離開學校後很怕再接觸到它。一般的科普書也大多像是單點的餐食，而這部書則是一套全餐，不但吃起來有情調，那些看似點綴用的配菜，其實更暗藏有均衡營養及幫助消化的功能。

這部書除了漫畫的形式之外，還搭配有「閃問記者會」、「讚讚劇場」及「祕辛報報」等單元。「閃問記者會」是利用模擬記者會的方式，一一釐清各式不限於科學範疇的有趣問題。「讚讚劇場」則是由巨擘們所主演的劇集，真人真事，重現了當年的時代背景，成功絕非偶然。「祕辛報報」則像是武林擂台兼練功房，從旁觀的角度來檢視巨擘們所主張之各種學說的歷史及科學地位，有攻有防，還提供了武林盟主們的武功祕笈，讓讀者們能在短時間內學上一招半式，以便於日後開創自己的成功人生。

科學其實和文學一樣，學說的演進和突破都有其推波助瀾的時代背景，但學校中的課本或一般的科普書則大多只告訴我們英雄們總共成功的攻頂過哪幾座艱困的山，以及這些山群們有多神奇，卻顯少著墨在英雄們爬山前的準備、曾經失敗的登山經驗、以及行山過程中的成敗軼事。少了這些東西，我們永遠學不好爬一座山，而這些東西其實就是科學素養的化身，只懂科學知識而沒有素養，我們充其量只不過是一隻訓練有素的狗，玩个出新把戲也無法克服新的挑戰，這是我們在二十一世紀知識爆炸的年代中所要面臨的嚴峻挑戰。這部書在漫畫中、在記者會中、在劇場中、在祕辛室中，都再再提點並闡釋了這個素養精神，清楚的交待了每一個成功事跡背後的脈絡，以及事前所付出的無數失敗代價，這對習慣吃速食的現代文明人而言，像是一頓營養均衡的滿漢大餐，雖說不是每個人的任務都是要去攻頂奇山，但無可諱言的，我們都生活在同一個山林中，就算不攻頂也仍須在人生中劈山荊、斬山棘！就讓我們一起填飽肚子上路吧！

角色介紹

仁 傑

國一男生，為了完成暑假作業而參與老師的時光體驗計劃，被老師稱為超科少年。但神經大條，經常惹出麻煩，有時卻因為他惹的麻煩而誤打誤撞完成作業題目。

法拉第

英國科學家。史上最能吃苦的科學家，憑著小學畢業、印刷店的學徒，藉由孜孜不倦的學習，做出傑出的成果。讓身為導師的化學貴公子戴維也不禁讚嘆他是天上最美的一顆星。他結合電學與磁學，發明出電動機的雛形，被尊稱為電學之父。

老師

非常熱中科學實驗，為了讓自己做的時光體驗機更完美，以暑假作業為由引誘仁傑與亞琦試用，卻意外引發他們的學習興趣。

亞琦

國一女生，受到仁傑的拖累而一起參與老師的時光體驗計劃，莫名其妙成為超科少年的一員。個性容易緊張，但學科知識非常豐富，常常需要幫仁傑捅的簍子收拾殘局。

小颯

超科少年的一員（咦？）。會講話的飛鼠，是老師自稱新發現的飛鼠品種，當作寵物豢養。偶爾會拿出一些老師做的道具，在關鍵時刻替其他人解圍。

法拉第篇

第一課：法拉第的第一步

你在幹什麼？

咦？仁傑？

嗯……

剛剛騎車的時候車燈亮起來，我想說大白天的不要浪費電……

結果一停下來就暗掉了！真奇怪……

我在研究腳踏車的車燈啊！

10

磁力？
磁力怎麼
發電啊？

你不知道腳踏車的
車燈是磁力發電的
嗎？要踩踏才會亮
起來啊！
竟然連這點常識
都沒有……

耶～
這很
正常啊！

好問題！

哇啊
!!

磁力究竟是
如何發電呢？

你們只要回去觀察
那位偉大的科學家，
就能夠知道了喔！

去吧，超科少年們！！去觀察十九世紀的電磁學權威……

麥可．法拉第！

一八〇九年 倫敦

咦？又來到倫敦啦，英國的科學家還真多呢⋯⋯

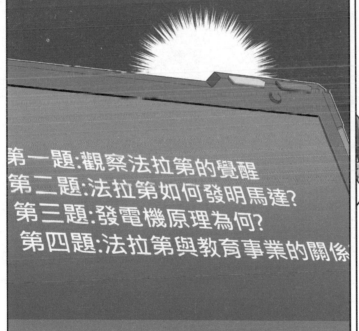

第一題:觀察法拉第的覺醒
第二題:法拉第如何發明馬達?
第三題:發電機原理為何?
第四題:法拉第與教育事業的關係

是啊，所以我們的暑假作業也多到不知何時才能做完呢⋯⋯

別煩惱啦！趕快去找法拉第吧！

沙

哈啪

哇啊……

什麼東西……
啊……
好痛……

電瓶掉下來不小心砸到你了嗎？

啊……
抱歉……

我是法拉第！

到我店裡來，我幫你包紮吧！

14

嗯嗯……

這裡是……？

待會我還要去鐵頓的科學教室旁聽！

我看你們的年紀應該也是學生，要一起來嗎？

這是雷伯裝訂店，我在這裡打工呢！

是啊，不像某個樂天的笨蛋……

邊打工邊求學，真了不起啊……

……

嗯？笨蛋？誰啊？

這是在倫敦貧民區開設的「都市哲學會」教室，只要繳交少少的入會費，大家都可以來這裡學習。

嗯嗯……真了不起呢！

這是個連平民也可以受教育的好地方呢！

是這麼說沒錯啦……

不過對我們這種笨蛋來說，上課內容根本聽不懂呢！

HA HA
HA HA

沙沙沙

啊……
課堂上的空氣
如此的優雅……
怎會還有學生
不懂享受呢?

有些學生就像瞪羚,眼睛大大的看著講台,但腦袋一片茫然;

有些學生是來看戲的,不僅上課內容要配合他們,連上課方式也要適合他們;

有些學生像蜜蜂……

振筆 疾書

嗯?
他在
吟詩嗎?

法拉第……
怪怪的耶……

翌日
雷伯裝訂店

……法拉第在工作空閒之餘也不忘整理筆記呢……

雖然個性怪怪的，不過扯到學習就異常認真！

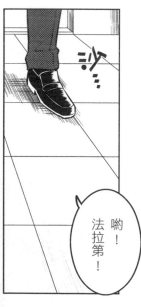

喲！法拉第！

挺認真的，在念書嗎？

18

是店裡的常客當斯先生啊？

啊……

了不起耶，竟然整理出這麼多筆記，像你這麼好學的孩子，真該去間好學校好好學習呢！

呃……可是我沒錢繳學費……

沒關係！

我這裡有戴維老師上課的票券，可以讓你免費去聽喔！

好好把握機會吧！

噢噢噢噢！！

是鼎鼎大名的漢弗里·戴維老師嗎？

同時也是……

英國化學家

漢弗里‧戴維

是發現化學元素最多的人，被譽為「無機化學之父」

科學界第一的美男子！

戴維老師好帥喔……

噢噢噢……

呵呵呵……

啊！戴維老師！我終於能上到您的課了！

我對您的景仰有如泰晤士河般滔滔不絕……

我對您的崇拜有如本尼維斯山＋巍然挺立……

這樣的人真的是偉大的科學家嗎？

真是的……這樣法拉第跟一旁發花癡的貴族少女有什麼不同啊……

嗚啊……發作了……開始吟詩了……

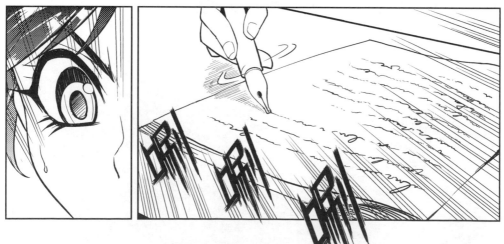

噢噢噢……

雖然他一邊吟詩……但抄筆記的手卻不曾停下來……

總而言之……他還真是個認真的學生呢！

……真是厲害呢！這也算是一種才華吧！

呼～戴維老師果然名不虛傳！

這幾堂課下來讓我受益良多呢！

咚～～～

真厲害……短短的四堂課竟然整理出這麼多筆記……

……亞琦小姐……

……

既然你這麼喜歡上他的課……那要不要繼續去上呢？

沒辦法的……

我家裡的經濟狀況……根本負擔不起我的學費啊……

而且一旦要去上學，我就得把裝訂店的工作辭去……這樣就完全沒有收入了啊！

……有辦法的……還是有

你可以毛遂自薦去當戴維老師的助理啊！

這樣你就同時有工作，又能在戴維老師身邊學習囉！

……可是……像我這樣的窮酸小子……哪有本錢擔任戴維老師的助理……

……他根本看不上我吧……

傻瓜！你想太多囉！

你過人的努力就是最大的本錢啊!

你追求知識時的模樣就是你最真實的面貌!

你註定要當一名科學家的!

……亞琦小姐……

27

……多謝妳的鼓勵……

嗯？……

噢噢噢！

法拉第要覺醒了嗎？

沙沙沙

噢！戴維老師啊！
您的課程已經完全佔據了
我的心思與時間。

自從學徒訓練結束後，我在一個
完全讓我失望的地方從事我的本行。
每天醒來的第一個想法是：是不是今天就要辭職了？
我比以前更沒有時間與自由，比以前更沉默了。
比起不斷進步的科學列車
我好像愈來愈追不上最後一節車廂。

我決定……

要辭掉這裡的工作，
自薦去當戴維老師的
助理！

登登登！

第一題
完成！

一題：觀察法拉第的覺醒
二題：法拉第如何發明馬達？
三題：發電機原理為何？
四題：法拉第與教育事業的關

29

呃……這是他覺醒的樣子嗎？

和其他人不太一樣呢……

嗯嗯……

男人的浪漫也有很多種表達方式啊！

總之……

多謝妳了，亞琦小姐……初次見面的妳簡直是上天賜與我的女神啊！

啾

30

仁傑……

喂！
法拉第！

啊！
等等……
你這樣……

竟然用嘴巴親手，太髒了啦！

你不知道手上有多少細菌嗎？

真是的……仁傑這傢伙真是不會看場面說話……

好啦好啦！既然完成了，我們就先回去吧！

如何啊？超科少年的任務順利嗎？

哈哈哈哈！你們回來啦？

嗯……怎麼搞得像小情侶打情罵俏一樣……

先不提亞琦和仁傑了！

老師……法拉第後來如何了呢？

噢！法拉第後來把筆記整理好之後交給戴維，

戴維也認為法拉第是個可造之才，因此留他在身邊當助理！

從此之後他就可以全心全意的研究囉！

真是可喜可賀！可喜可賀啊！

哈哈哈哈哈!!

唔……氣氛還是很僵啊……

法拉第篇

第二課：法拉第與馬達

一八二一年 倫敦

過了這麼多年，不知道他在戴維的研究室過得如何啊！

嗯～好久沒看到法拉第了呢。

喂！記得用變身披風啦！

啊！說人人到！

36

沙沙

哈囉～法拉第！好久不見啦！

啊！戴維老師！

今天也是個適合研究科學的好天氣啊！

啊！親愛的法拉第！

沒錯！科學之神正在呼喚著我們啊！真是一日不做研究，便覺面目可憎啊！

竟然和戴維
一搭一唱……
比之前更誇張
啦……

這個氣場
完全無法
介入啊……

嗚啊
……

閃閃亮亮

啊!
是仁傑和
亞琦嗎?

竟然在此時此刻
遇到故友,
今天真是
美好的一天啊!

去吧!
記得要多多
做研究喔!

戴維老師!
我去接待
老朋友,
失陪先!

……

38

來吧！
仁傑！亞琦！

我帶你們參觀我的研究成果！

噢噢噢噢……

感覺你這段時間做了很多事呢！

對啊！
那份資料是幫雕塑家們做的實驗調查！

他們雕刻的白石灰岩雕像常常會無故變黑……

經過我調查後發現原因是酸雨侵蝕！

噢噢噢！
原來如此……

嗯？那這個是⋯⋯？

噢噢！那是改良式礦燈！

以往的礦燈沒有保護措施，加上礦坑裡會有瓦斯，常常不小心就起火爆炸！

我改良之後加上了銅絲網罩，讓火花不容易逸散，大幅降低事故發生機率呢！

⋯⋯嗯？

哇喔～

法拉第……

這些都是你做的研究吧?

怎麼都是掛戴維的名字呢?

Leader: Davy

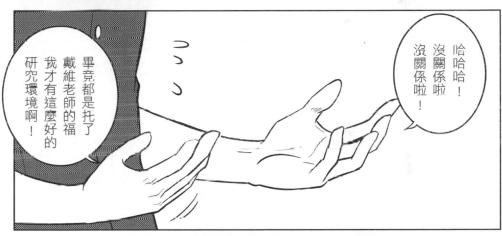

哈哈哈!沒關係啦!沒關係啦!

畢竟都是托了戴維老師的福我才有這麼好的研究環境啊!

讓戴維老師掛名我的研究項目也算是報答他的知遇之恩啊!

……看來他是個不在乎名利……只想專心做研究的人呢!

牛頓和達爾文也是這樣,偉大的科學家們真了不起呢!

哇啊啊啊啊啊啊啊啊!!

嗯……

這是……

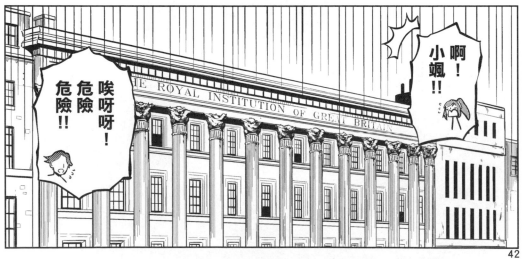

啊!
小颯!!

唉呀呀!
危險!危險!
危險!!

42

這可是電鰻啊！

抱歉抱歉！忘了提醒你們要小心點……

哇喔～

法拉第為什麼你要養電鰻啊？好炫喔！

哈哈哈！因為我正在專攻電力學和磁力學啊！

我在研究兩者之間的相互關係，這是我目前的研究重點呢！

電力和磁力……這兩者有什麼關係呢？

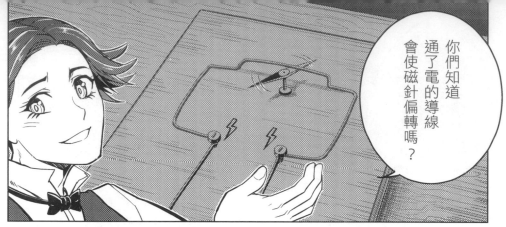

你們知道通了電的導線會使磁針偏轉嗎？

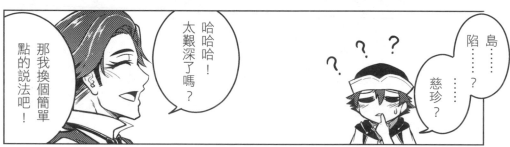

那我換個簡單點的說法吧！

哈哈哈！太艱深了嗎？

島……？

陷……？

慈珍？

? ? ?

磁針有如彬彬紳士！

導線有如窈窕淑女，

當淑女充滿了魅力（電力）走過紳士身旁時……

紳士就會猛然回頭！

如何？這樣就懂了吧？

我懂了！

也就是說導線和磁針是夫妻對吧！

好難懂的比喻啊！

哈哈哈哈哈！也可以這麼說！

我生命中獨一無二的「導線」。

啊！時間不早了！

要不要留下來吃個飯啊？我介紹一個人給你們認識！

嗯？誰啊？

唉啊！
有客人嗎？

歡迎歡迎！
招待不週
請多見諒！

法拉第妻子 薩拉

我是一個糊塗的人，因為我的頭腦掛念太多東西，甚至當我在想念妳的時候，我仍想到氯氣、油燈、合金、水泥五十個煉爐，還有許多實驗因而落入一種心不在焉的情況中。

昨夜，我在書中發現皇家學會遞送的新會員名單，我急忙送回，免得明天皇家學會的會議誤事。我的思想雖然常有紛擾，但是我知我心給妳，希望妳好好看顧我，看顧我靈魂的鑰匙。

哈哈哈！
老公！
這段詩你在求婚前就念過囉！

你真健忘啊！

咦？
是嗎？

46

不過沒關係，我很感動喔！

有這麼疼愛我的老公，我可是天下最幸福的女人呢！

噢！老婆～

噢！老公～

……

借你墨鏡吧！

閃閃閃

哇喔喔！
好大的火雞啊！

咚

那我們就不客氣開動囉！

嗯？

法拉第你不吃嗎？

噢！待會！

我有份研究還沒想通……

我在研究電流的行為模式！

雖然實驗已經證明通電的導線會使磁針偏轉……但終究無人能解釋原因……

目前最有力的解釋是由皇家研究院的歐勒斯頓教授所提出，

他採用安培的理論，認為電流是螺旋狀繞著導線自轉，並產生連續性的互吸和互斥才讓磁針偏轉，

但在歐勒斯頓的實驗中，導線應該要因為這股連續的磁力自轉，但實驗卻始終沒有成功，

根本聽不懂所以乾脆不聽了。

咻滋咻滋

呃……

真讓人搞不明白呢……

嗚啊~

嗯......

這火雞實在太大了啦！

手根本搆不到另一側的肉！

記得小時候阿嬤家的餐桌上有小圓桌，只要旋轉小圓桌，上頭的菜就會繞著大家轉圈圈，

這樣不管離多遠都拿得到菜呢！

嗯是啊！

不過十九世紀的倫敦應該沒有這種桌子吧！

歐勒斯頓的
理論應該
沒錯！

只是實驗的
方法要
重新調整！

只是並非
「自轉」……

導線並不是
不會轉！

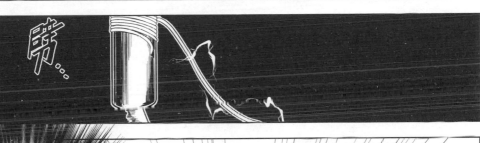

而是繞著磁鐵
「旋轉」啊!

果然沒錯！
我的猜測
果然正確！

噢噢噢！

多謝你們啊！
亞琦！仁傑！

雖然不是很懂
但好像很厲害
啊！

沙……

也是第二題的
題目喔！

這就是法拉第
發明的馬達啦！

笨蛋！

啊！

親愛的薩拉啊！
十年的努力實驗，依然沒有結果。
沒有結果，也是成果，因為已經愈來愈接近答案了。

而如今，十年光陰終於開花結果，孕育出美麗而香甜的果實……
如果不是妳的支持，我終究無法走到今日！

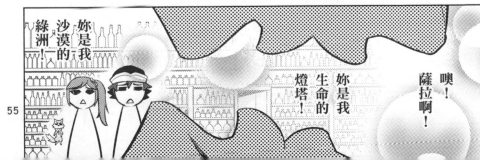

噢！薩拉啊！

妳是我生命的燈塔！

妳是我沙漠的綠洲！

登登登！
第二題
完成！

第一題：觀察法拉第的覺醒
第二題：法拉第如何發明馬達？
第三題：發電機原理為何？
第四題：法拉第與教育事業的關係？

閃閃亮亮

快點回
去吧！

我也是……

我……
我快瞎了……
受不了了……

如何？
有見證到法拉第
如何發明
馬達的嗎？

回來啦？

法拉第篇
第三課：師徒糾葛

噗啊！！

沙沙沙…

我……我是在研究這個磁力發電的車頭燈啦……

因為騎愈快才會愈亮，所以……

你在做什麼啊仁傑！竟然在校園裡飆車!?

啊……那個……

啊……

糟糕……

不要再狡辯了！你根本完全不懂發電機原理吧！

去向法拉第學習學習吧！

哇啊啊啊……

唉……又被仁傑連累了……

老師現在已經懶得聽仁傑解釋了啊……

一八二三年　倫敦　皇家研究院

哇……

怎麼那麼多書和器材……

喂！法拉第！你在哪啊？

這不是實驗室嗎？怎麼搞得和倉庫一樣？

這聲音……

是亞琦和仁傑嗎？

有兩年沒見了吧？歡迎歡迎！

呃……又是最後要讓戴維掛名的研究嗎？

雖然本來就知道你熱衷於科學研究……不過這些研究量也太多了吧？

哈哈哈！這些大部分都是我幫戴維老師做的研究啦！

唉啊～我不在意啦！

有幫到戴維老師就好！

法拉第！

法拉第！你在嗎？

嗯……剛剛我又接到幾份研究委託，

啊！戴維老師？

照慣例交給你解決囉！

碰！

啊！
其實我也很想
做研究啦！

可是沒辦法，
身為名人總有
忙不完的交際
應酬啊！

我去參加
宮廷宴會了！
掰掰囉！

⋯⋯
呵呵呵呵

⋯⋯⋯⋯

你說什麼？

這些名義上是戴維發表的研究，實際上都是你完成的？

皇家研究院院士 歐勒斯頓

戴維這麼做也太過分了！

憑你的才幹和努力，大可不用埋沒在他的研究室啊！

戴維老師他……

呃……別激動……

對啊對啊！

戴維雖然也是了不起的科學家，但這幾年他沉溺於自己的名氣之中，早就沒有認真研究了！

夠了！法拉第！

你自己也很不滿這個現狀吧？

我們會聯合幾個院士推薦你成為皇家研究院會員！這樣你就不用再看戴維臉色做事了！

法拉第……

……

那麼……

根據投票結果……
反對票只有一票……

恭喜你！
法拉第！

從今以後你就是
皇家研究院的
正式會員了！

啪
啪
啪
啪

開什麼玩笑！

法拉第！你翅膀長硬了就想飛走了嗎？

當年要不是我收留你，你現在或許還在裝訂店當學徒呢！

別這樣！戴維！太難看了啦！

大家都知道你的研究是請法拉第代筆的喔！

唔……可惡！

你們這群凡夫俗子！我不想再看到你們了！

70

嗯嗯！直接去事件半息後的年代再找法拉第吧！

嗯⋯⋯真是尷尬的氣氛啊⋯⋯我們還是先離開這個時代吧！

⋯⋯戴維老帥⋯⋯

OF GREAT BRITAIN

一八二五年 皇家研究院

沙沙沙

真沒想到他們師徒倆會翻臉呢……

對了！戴維後來去了哪裡？

嗯嗯……聽說他一氣之下就離開了研究院，跑去國外旅行散心了！

這段時間法拉第仍然致力於自己的研究，

然後……

可惡!!

怎麼想都想不通啊！

實驗到底哪裡出了問題呢……？

啊！是法拉第！

嗯嗯，一樣是紳士和淑女的研究啊！

嘿嘿嘿對啊！最近在做什麼研究呢？

兩位好久不見了！

啊？

……莫名其妙的比喻果然只有笨蛋聽得懂啊……

沒錯沒錯！你真懂我！

啊！你是指磁力和電力這對夫妻是吧！

紳士和淑女？

所以我正在研究能不能反過來用磁力產生電力！

之前的研究已經證明了，電力可以製作出電磁鐵產生磁力……

真是傷透腦筋啊……

我把磁鐵伸入線圈之中，測量電流的指針確實會有所反應，證明有電流的出現。

但就只會動那麼一下而已！無法產出穩定的電流……

你瞧！

原來法拉第正在研究發電機嗎?

嗯嗯……

這剛好就是第三題的題目呢!

我們要怎麼幫忙呢……

法拉第!!

嘩!

!!
戴維老師?

你怎麼回來了……?

我想通了……
我一切都
想通了……

我之前太過沉迷
名利和榮華富貴的誘惑，
幾乎忘了自己是一名
科學家啊！

戴維老師……？

沒錯！法拉第！
之前是我
對不起你！

為了贖罪！
我決定舉薦你
為皇家研究院
實驗室主任！

這樣你就有更多
研究資源可以
運用了！

噢噢噢！

兩人竟然和好了呢！真是意外啊！

對了！戴維老師！

你為何會突然有這麼大的轉變？

是旅途中遇到什麼事情了嗎？

呵呵……說來話長……

兩年前，我一怒之下離開了皇家研究院……

便偕同我弟弟前往各地旅行……

在經由法國轉往奧地利，經過阿爾卑斯山時……

霎時間風雪大起！

我們的馬車陷入雪堆中。動彈不得！

弟弟啊！！

哥哥啊！！

剎時間，我感受到人類的脆弱與渺小！

在無水無糧的小教堂裡，外頭的風雪也不知何時停止……

我們只能在雪地裡狼狽地前進……

最後終於找到一座無人小教堂，在裡頭暫避風雪……

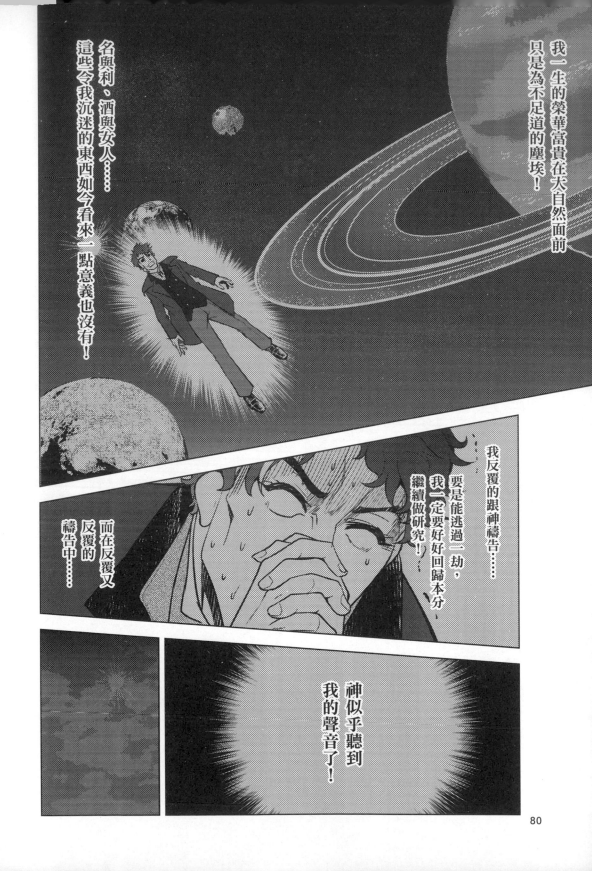

我一生的榮華富貴在大自然面前只是為不足道的塵埃！

名與利、酒與女人……這些令我沉迷的東西如今看來一點意義也沒有！

我反覆的跟神禱告……要是能逃過一劫，我一定要好好回歸本分，繼續做研究！

而在反覆又反覆的禱告中……

神似乎聽到我的聲音了！

暴風雪在隔日停歇，我們也因此獲救！

所以就回來找你了！

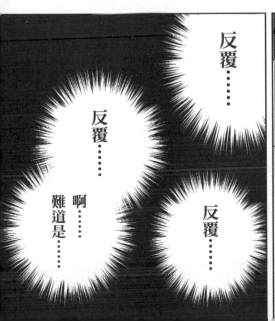

反覆……

反覆……

反覆……

啊……

難道是……

噢噢噢……簡直是奇蹟啊……

反覆的禱告嗎？

……法拉第？

果然沒錯！

只要反覆讓磁鐵進出線圈，就可以製造出持續的電流了！

戴維老師！多謝你！

是你給了我靈感啊！

登登登！第三題完成！

第一題：觀察法拉第的覺醒
第二題：法拉第如何發明馬
第三題：發電機原理為何？
第四題：法拉第與教育事業的關係

噢！法拉第啊！

噢！戴維老師啊！

又要開始吟詩了，趕快逃回去吧！

如何？明白發電機的原理了嗎？

回來啦？

嗯嗯嗯……原來靠磁鐵反覆運動真的可以產生電流呢！

所以說……腳踏車的車燈也是一樣的原理囉？

教職員室

在我的辦公室裡就有一個仿造的發電機，我給你們看看吧！

沒錯！法拉第在一八三一年製造出第一個磁片發電機！

就是這樣！

呼！
呼！
呼！

噢噢噢……
原來如此！
把線圈的部分改成轉盤式的，這樣就能透過踩踏旋轉來持續發電了呢！

等等……
等等……
把我放下來啊!!

耶！
太棒了！

嗯！既然你們了解了，那做為獎勵，老師請你們吃燒烤吧！

走吧！

法拉第篇
第四課：傳承

暑期輔導中

認真點！仁傑！
上課要認真聽課啦！

而且還有做不完的作業……暑假都沒時間玩了啦！

唉～明明就是暑假，為什麼還要上暑期輔導啊……

沙……

我可是有認真在做作業喔

我知道啦！我知道啦！

是嗎？

那真是辛苦你了！

上課不專心，給我玩軌道車……這是哪門子的研究啊？

上課可是重要的知識傳承過程啊！

如果無法理解上課的重要性……

哇啊啊啊啊啊啊啊啊！！

就回去好好問問法拉第吧！

一八五二年 法拉第住處

咻沙！

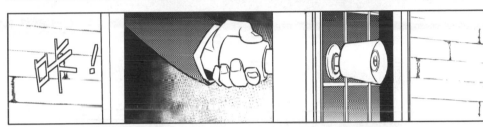

你們是隔壁殺豬的大衛夫妻對吧！

薩拉小姐！

我先生最近腦筋不太好，有點健忘呢！

抱歉了兩位……

老公～你又糊塗了！

他們是亞琦和仁傑啦！

哈哈哈哈……

對對對！亞琦和仁傑！我想起來啦！

HA HA HA

噢噢噢！！

對了！

我要去主持星期五之夜！兩位要來嗎？

噢噢噢！

聽起來好像很好玩！我要去！

笨蛋～

星期五之夜不是玩樂的地方啦！

星期五之夜

這是法拉第從一八五二年開始主持的科學教室。

法拉第認為，科學是大自然給予人類的寶藏，不應該當做滿足求知慾的工具，而應該分享給更多人！因此成立了這間科學教室！

他請了植物學家布朗、探險家戴維森、物理學家馬克斯威爾......等各領域的專家前來分享自己的知識！

任何人都可以來聆聽並參加這場科學盛宴！星期五之夜沒有任何貴賓席，無論你是貴族還是平民，都是先來的先坐，後來的沒位子......在當時極為轟動！

歡迎各位參加星期五之夜！

我是今晚的主講人法拉第！

各位可以放輕鬆，別太拘謹！輕鬆一點！

我雖然沒辦法保證各位都能坐得舒適，但可以跟你們保證……

在這裡的每一場演講都會是令人大開眼界的豐富盛宴喔！

今天的星期五之夜好精采喔！

對啊！雖然聽不太懂但是挺有趣的呢！

亞琦和仁傑也來吧！

對了！對了！你們有聽過降靈術嗎？

聽說最近很夯呢！大家都在玩！難得這麼多人聚集在這裡，我們也來一起玩吧！

桌子旋轉
(table turning)

流行於十九世紀歐洲的一種降靈術，參加者在圓桌圍成一圈，彼此手指相碰觸。眾人要先在心中冥想靈的出現，接著向靈提出問題。

靈會使桌子彈跳或發出聲響，藉此回應眾人的問題。簡單説就是西方的碟仙或錢仙。

偉大的神靈啊⋯⋯

請問我何時能找到我的白馬王子呢？

!!

靈真的存在啊!

哇啊啊!

靈回應了!

唉……

竟然如此沉迷在不科學的迷信之中……

當我參加降靈術的聚會，我發現那些學習靈異的人，是群自己不批判靈異的人。

他們的興趣與欲望，令我驚奇的是，是自己不……的人。的批判性。

我個人對桌子會不會動不感驚……

尊貴的人類竟然這……的活動中追求群體性

在他們確實……有多少成……

不僅自己不……也反對別人查驗，

我稀奇連知識份子，也落在人……

不願花心思，也不願運用過去所受的教育，去仔細察驗。

怪異的不是這些現象，而是這些人心。

自然科學的教育……果然很重要啊！

一定要從小就好好教起，這樣才能杜絕無謂的迷信啊！

法拉第……

一八五三年
聖誕夜

哇～
聖誕節耶～

第一次在歐洲
過聖誕節呢！

是聖誕
老公公耶！

給我禮物！
給我禮物！

笨蛋仁傑，
因為變身披風的關係
我們現在外表是
大人喔！

拿什麼
聖誕禮物啊！

唔……

老公～今晚是兒童聖誕教室喔！你上課的教材準備好了嗎？

啊對喔！差點忘了！

多謝妳提醒啊！老婆！

兒童聖誕教室？

是啊！教育本來就該從小做起！

我每年聖誕節會開設一次兒童聖誕教室，讓小朋友們來上課，並用有趣的方式學習自然科學！

我已經持續不間斷做了二十多年喔！

你們要一起來看看嗎？

這樣一來，就算你失憶忘光光了也不用擔心，因為知識都傳承給後代了啊！

法拉第你真的對教育很熱心呢！

噢噢噢……

這就是老師提到的傳承嗎？

哈哈哈！別傻啦！我不會失憶的啦！

我如果失憶的話誰來上課呢！

走吧！

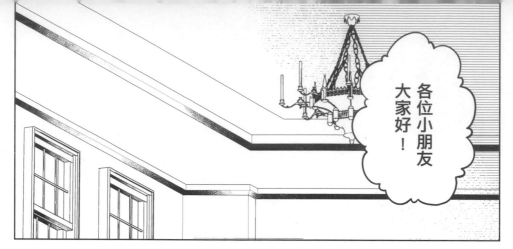

各位小朋友
大家好！

大家最愛的
法拉第老師
又來囉！

今年的聖誕教室，
主題一樣是
電力學！

呵呵～
當然好玩！

老師帶了一種
用電力驅動，
叫做馬達的
玩具喔！

電力學？

那是什麼啊？
好玩嗎？

102

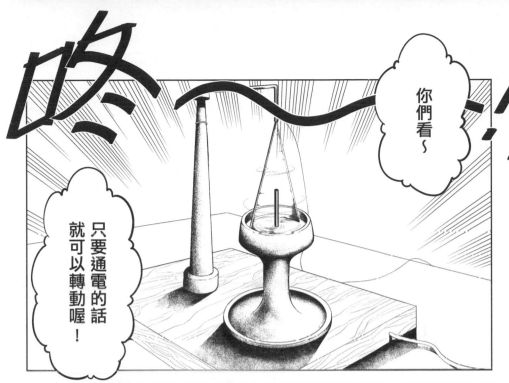

你們看～

只要通電的話就可以轉動喔！

老師一步一步解釋給你們聽吧！

原理非常簡單的！

噢噢噢！好有趣喔！為什麼會轉動呢！

呵呵～這是因為導線通電後產生磁力，和磁鐵產生相吸相斥所以就轉起來囉！

真了不起呢……

是啊！

真是聰明的方法呢！

而且妳看！

法拉第先引起小朋友們的興趣，再深入淺出的解釋原理……

這樣小朋友就不會排斥上課了呢！

法拉第自己也跟孩子們一樣，玩得很開心呢！

我是亞琦
啊……?
法拉第 你忘記了嗎?

那個……
馬達的原理……
是靠通電的
導線產生磁力……

哈哈哈!
原來妳叫
亞琦是嗎?

來!
回答吧!
別緊張!

……

然後和磁鐵產生
連續性的互吸
和互斥……
然後轉動……

賓果！

答得很好！非常好！

雖然是初次見面，但也請以後多多光臨我的教室上課喔！

感謝妳的回答，亞琦小姐……

呀火

法拉第……

登登登！
法拉第的作業
全部完成！
恭喜兩位！

第一題：觀察法拉第的覺醒
第二題：法拉第如何發明馬達？
第三題：發電機原理為何？
第四題：法拉第與教育事業的關係？

……嗯？
完成了？

法拉第……

走啦！
亞琦！
別太難過了！

之前不是
說了嗎？

就算他全部
忘光光也
不用擔心！

因為他的知識
都傳承給
後代了啊！

……嗯！

我們回去吧！

沙沙沙

是啊……法拉第不但是個偉大的科學家……更是個令人敬佩的教育家呢……

嗯……

哈哈哈！沒錯吧！

如何啊？超科學少年們了解到教育和傳承的重要了嗎？

110

Super Science Jr.

超科少年
SSJ 3

電學祕客法拉第

ELECTRICITY

漫畫科普系列 003

超科少年‧SSJ
Super Science Jr.
電學祕客法拉第

漫畫創作｜好面＆彭傑 友善文創 Friendly Land
插畫｜ALING、王佩娟
整理撰文｜漫畫科普編輯小組
責任編輯｜周彥彤、呂育修、陳佳聖
美術設計｜今日設計工作室
責任行銷｜陳雅婷、劉盈萱

天下雜誌群創辦人｜殷允芃
董事長兼執行長｜何琦瑜
媒體暨產品事業群
總經理｜游玉雪
副總經理｜林彥傑
總編輯｜林欣靜
行銷總監｜林育菁
版權主任｜何晨瑋、黃微真

出版者｜親子天下股份有限公司
地址｜台北市 104 建國北路一段 96 號 4 樓
電話｜（02）2509-2800　傳真｜（02）2509 2462
網址｜www.parenting.com.tw
讀者服務專線｜（02）2662-0332　週一～週五：09:00~17:30
讀者服務傳真｜（02）2662-6048　客服信箱｜parenting@cw.com.tw
法律顧問｜台英國際商務法律事務所‧羅明通律師
製版印刷｜中原造像股份有限公司
總經銷｜大和圖書有限公司　電話：（02）8990-2588

出版日期｜2015 年 12 月第一版第一次印行
　　　　　2023 年 7 月第一版第十三次印行
定價｜350 元
書號｜BKKKC047P
ISBN｜978-986-92486-5-5 （平裝）

訂購服務
親子天下 Shopping｜shopping.parenting.com.tw
海外‧大量訂購｜parenting@cw.com.tw
書香花園｜台北市建國北路二段 6 巷 11 號 電話（02）2506-1635
劃撥帳號｜50331356 親子天下股份有限公司

國家圖書館出版品預行編目資料

超科少年‧SSJ：電學祕客法拉第
漫畫創作｜好面&彭傑(友善文創) /整理撰文｜漫畫科普編輯小組.
-- 第一版. -- 臺北市：親子天下, 2015.12
184面；17X23公分. -- (漫畫科學家；3)
ISBN 978-986-92486-5-5 (平裝)
1.法拉第(Faraday, Michael, 1791-1867) 2.科學家 3.傳記 4.漫畫

308.9　　　　　　　　　　　　104025829

立即購買 >

推薦序

漫迷 vs. 科普知識讀本

文：鄭國威（泛科學網站總編輯）

　　總有一種文本呈現方式可以把一個人完全勾住，有的人是電影，有的人是小說，而對我來說則是漫畫。不過這一點也不稀奇，跟我一樣愛看漫畫成痴的人，全世界至少也有個幾億人吧，所以用主流娛樂來稱呼漫畫一點也不為過。正在看這篇推薦文的你，想必也是漫畫熱愛者！

　　漫畫，特別是受日本漫畫影響甚深的台灣，對這種文本的普及接觸已經超過30年，現在年齡35—45歲的社會中堅，許多都經歷過日漫黃金時代，對漫畫的魅力非常了解，這群人如今或許也為人父母，就跟我一樣。你現在會看到這篇推薦文，要不是你是爸媽本人（XD），不然就是爸媽幫買了這本書給你吧。你可能也知道，針對小學階段的科學漫畫其實很多，在超商都會看見，不過都是從韓國代理翻譯進來的，台灣自己的作品就如同整體漫畫市場一樣，非常稀缺。親子天下策劃這系列《漫畫科普系列》，我想也是有感於不能繼續缺席吧。

　　《漫畫科普系列》第一波主打包括牛頓、達爾文、法拉第、伽利略四位，每一位的生平故事跟科學成就都很精彩且重要。不過既然針對中學階段讀者，用漫畫的形式來說故事，那就讓我這個資深漫迷 X 科學網站總編輯先來給你3個建議：

　　第一、所有嘗試轉譯與普及科學知識的努力必然都會撞上「不夠嚴謹之牆」。身為科學傳播從業人士，我每天都在想該如何在科學知識嚴謹性，趣味性跟速度感之間取得平衡，簡單來說就是一直在撞牆啦！儘管如此，我們最歡迎的就是挑

剔的讀者了，所以儘管漫畫很好看，但我希望你一定要挑剔，把你不太明白或有疑惑的地方都列出來，問老師、上網、到圖書館，或寫 Email 給編輯部，把問題搞個水落石出喔！

第二、科學人物史是科學與人文的結合，而儘管《漫畫科普系列》系列介紹的科學家都是超傳奇人物，故事早已傳頌，但要記得歷史記載的都只是一部分面向。另外，這些人之所以重要，當然是因為他們提出的科學發現跟見解，如果有空，就全家一起去科學博物館或科學教育館逛逛，可以與書中的內容相互印證，會更有趣喔！

第三、從漫迷的角度來看，《漫畫科普系列》的畫技成熟，明顯的日式畫風對台灣讀者應該很好接受。書中男女主角的性格稍微典型了些，例如男生愛玩負責吐槽，女生認真時常被虧，身為讀者可以試著跳脫這些設定，不用被侷限。

我衷心期盼《漫畫科普系列》能夠獲得眾多年輕讀者的喜愛／批評，也希望親子天下能夠持續與國內漫畫家、科學人、科學傳播專業者合作，打造更多更精彩的知識漫畫，於公，可以替科學傳播領域打好根基，於私，我的女兒跟我也多了可以一起讀的好書。

推薦序

科學家也如你我一般，並非完美無瑕

文：鄭志鵬（龍山國中教師）

　　記得以前小時候，總喜歡看許多科學家的故事。故事裡面的每個科學家主角，似乎都偉大且神聖，每個人都是天生的科學奇才，連做夢都會夢到答案。很久很久以後，我才知道科學家也是人，除了對於自然現象無比的好奇以及執著以及聰明才智外，他們跟一般人並沒有太多的不同。他們也有許多的缺點，甚至令人討厭。科學的理論，也並不總是靠一個人完成的。正確的理論提出的過程，也總是經過許許多多的辯論。以往的科學故事，常常忽略掉那些「不完美」的部分，讀起來像是完人傳的科學家故事，總是少了點真實血肉。

　　這套書並不避諱呈現牛頓的陰沉壞脾氣和伽利略的攀權附貴，這些真實性格的呈現，讓偉大的科學家們更貼近我們，卻不減損他們劃時代的科學成就。歷史故事總是能吸引人閱讀，科學發展的歷史或是科學家的生平也常常是科學老師在課堂上使用來做為引起學生興趣和科學概念的法寶。但是這些資料，有時候較為生硬難讀。這套書用虛構的穿越劇情，以漫畫的形式點出了每個科學家生平中的一些關鍵觀察、思考與發現；用虛擬的記者會問答形式來呈現科學家的一些個性和想法。這些方式都讓原本較為生硬的內容變得易讀許多。

在輕鬆的方式讀完了大輪廓之後，接著就是較為嚴謹的科學人物史文本。包含了科學家的生活背景，對於自然的觀察、發想，提出的問題與找到的證據等等。更棒的是，除了主角本身之外，書中還列出了同年代其他科學家與主角科學家的互動。任何一個科學成果，其實常都不會出自一人之手，許多重要的科學理論，其實都經過了一連串的想法演變。對於一個現象，當代的科學家們也會提出各種不同的看法，經歷了許多的辯證後，才得出最後的結論。主角科學家本身，其實也會在研究的過程中，發現了不同的證據，漸漸修改理論。這些思考辯證的過程，是科學史文本中重要珍貴的內容。

兼具趣味性與真實性，呈現科學家貢獻與性格和建立科學理論的艱辛歷程，是我推薦這套書的原因。

title： # 10個閃問穿越記者會

各位 書上的來賓大家好，歡迎來到10個閃問穿越記者會，我是最美麗的主持人電滋滋，今天的來賓很特別喔，是位個性和善的科學家老爺爺，可別看他一把年紀了，熟男大叔的電力連我都無法阻擋，雖然有時候會小小恍神失憶一下，大家可千萬不要見怪，現在就讓我們歡迎今天的來賓，電得讓你心花朵朵開的電磁界歐巴——法拉第。

法拉第爺爺您好，不好意思讓您從19世紀的英國來到這裡接受我們的採訪，希望不要讓您的身體太過勞累。邀請您的原因是因為我們曉得您除了在電磁學上有著極高的成就外，在教學方面也有獨到的見解，所以希望在分享研究心得的同時，還可以跟我們多說說有關教學上的事。

第一個問題應該也是最多人想問的問題，您其實在皇家研究院期間，進行了各種研究，像是找出石灰石生病的原因、改良鋼鐵材質、找出液化氯氣的方法等，那為什麼還是對電學情有獨鍾呢？

嗯～初戀無限美，初戀情人總叫人畢生難忘。喔～上帝（沉醉貌），你為什麼要給我這麼多愛。咳咳，不好意思，有點失態

了，我想原因是因為電學算是我第一個接觸的科學，當初在雷伯印刷店打工時，剛好有機會讀到人英百科全書，我非常喜歡書裡面有關電學的內容，或許就跟初戀情人一樣，讓我進入研究院後還念念不忘。想當年我還偷偷在廚房裡做實驗，不曉得是不是鍋碗瓢盆在實驗結束後都沒洗乾淨，所以吃了不少化學藥劑，現在頭腦都變得怪怪的，不過聽說你們現在食物也參了不少化學物質，有所謂化學7749道工法之類的，你的頭腦也有變得怪怪的嗎？

喔，您是說全世界都是我的化工廠是吧，法拉第爺爺也是內行人喔，離題了、離題了。那聽說太太也是您的初戀對吧，雖然她沒有在現場，那有什麼話想要對太太說的？

呵呵呵，真的要謝謝我太太當個稱職的背後靈，忍受我在研究上所投入的時間。自己常常一做實驗就忙的什麼事都不管了，而她總是在一旁默默支持我，把家裡打理的很好，而且還很會做飯，我的同事和學生還常常過來這裡吃飯，有夠厚臉皮，剛好身上有一瓶她做的果醬，很好吃喔，打開來給妳吃吃看。

嗯～不好意思，法拉第爺爺您忘記這個果醬也是從19世紀來的，已經經過1百多年了，好像臭酸了。那要不要就這個機會跟太太表達一下愛意，說一下我愛你，沒想到我們電磁界的歐巴也會害羞，都臉紅囉。真羨慕您和太太的感情，不過聽太太說你都不喜歡賺錢，甚至在研究電磁學期間，拒絕接受額外的委託案和大學教職，讓她有時候都還沒錢買菜。

呃，我好像失憶了，回想不起來這段記憶，救命啊，有沒有醫生。

沒關係，我幫您打電話問一下太太好了。喂～請問……

喔喔，我突然又正常了（冷汗）。其實我覺得錢是拿來用的，要是賺來的錢都用不到，那為什麼要拿。而且一旦研究和某人的利益有關，那麼就可能會迷失方向，而且我也不喜歡交際應酬，對於升遷沒有興趣。研究就是研究，目的愈單純愈好，否則就容易誤判真相。

榮華富貴不是重點，專心研究才是王道！

說到研究，我知道您在發表電磁轉動結果時，可說是研究生涯的第一個里程碑，但是受到很多人毀謗，認為這項結果是抄襲戴維和歐勒斯頓的研究，您後來又是怎麼調適自己？

一開始會覺得科學界很黑，比我打工印刷店的黑色油墨還黑，簡直黑到發亮。那時還很年輕，算是科學界的菜鳥，沒想到有那麼多人情事故要處理，不過這也讓我學到很多，畢竟科學研究不單只是我的事，也是眾人的事。這裡也是要提醒現場的學生，很多事情可以先跟其他人商量，不要埋著頭做，這樣很容易傷害到自己。

那麼您可以跟我們描述一下當初又是怎麼發現磁力可以生電？

這其實算是一個巧合，那時我設計出一個裝置，若是磁力可以生電，那麼電流計指針就會發生偏轉，不過指針只有跳動一下，我就想那個跳動是個關鍵，其他科學家應該也都有觀察到這個情形，只不過認為這應該只是實驗誤差，但是我相信自己的實驗儀器和技術，認為這個跳動應該是有電流，後來我就真的發現磁生電，所以有時候應該要相信自己的直覺。

戴維在電磁學的研究過程中都沒有幫到您什麼忙，甚至還挖洞給您跳，您會不會覺得他很可惡？

老實說，不討厭他是騙人的，但是後來想一想，要是我也會不高興，畢竟身邊一個小跟班，突然搖身一變成為大科學家，壓在自己頭上。可是當初沒有他帶著我進研究院，我怎麼可能有這種成就，就當他是老番癲，不要理他就好了。

科學是與眾人有關的事，可不要把自己鎖在學術的象牙塔中。

您知道後來您的研究結果成為馬達和發電機的基礎,當初怎麼沒想到可以申請專利?

真的假的,不過我也沒有生小孩,所以申請專利好像也沒有用,我也花不到,哈哈哈。研究是眾人的事,我也由這個社會所扶持,所以這項結果也應該回歸給大眾,況且戴維老師當初在研發礦工燈的時候,也沒有申請專利啊,這也影響我很多。

聽說您歐洲旅行的時候有捉到一條電鰻,牠後來怎麼了?

噓～聽說藥燉土虱好像很好吃。

那嘴巴會麻麻的嗎?咳咳,聽了您這麼多有關研究上的趣聞,那麼可以跟我們分享一下為什麼想要在皇家研究院舉辦定期的公開演講?

這個靈感來自於我年輕時在鐵頓科學補習班的經歷,那裡只要少少的錢,就可以學到很扎實的科學知識,而且來的人大多是社會比較貧困的人,所以我想效法這個精神,回饋給社會大眾,免費替他們上課。

可是聽說您拉到不少贊助,還把皇家研究院重新裝潢變成豪宅。

沒有啦,就有賺一些啦,要低調、低調。

那最後有什麼心得可以跟我們想要進入科學界的小朋友分享的?

不要害怕自己出身低,我也只有小學畢業啊,而且聽說你們現在大學閉著眼睛就可以上了,所以不用過度擔心學歷,追求喜歡的東西比較重要,加油,那個我一直有個疑問,你是哪位啊?,奇怪了,我在這邊幹嘛。

哦,你是今天剛來的掃地工,待會先把場地清一清,然後薪水已經發給你了,做完就可以直接回去。

非常感謝法拉第爺爺不辭辛勞來到這裡,也熱心回答了我們這麼多問題,穿越的時間實在有限,若是大家還有疑問,就不妨仔細找找這本書,一定可以解答你的疑問,再次謝謝我們的電磁歐巴,法拉第爺爺。

title：

人生就是吃苦當吃補

貧窮不苦，自怨自艾才苦

「一閃一閃亮晶晶，滿天都是小星星，掛在天上放光明，好像許多小眼睛，一閃一閃亮晶晶，滿天都是小星星。」爸爸、爸爸，我還要聽，你可以再唱「倫敦鐵橋倒下來」給我聽嗎？好囉，法拉第，爸爸在工作，你過來幫媽媽折衣服。才5歲的法拉第緊拉著父親打鐵的手臂，希望能再為他唱一首歌。法拉第的家庭環境非常

▲ 法拉第出身貧苦家庭，靠著苦學，成為人類史上重要的科學家。

的窮困，做為鐵匠的父親得日夜不斷的工作，才能養活一家6口，讓原本疲憊不堪的身體顯得更加衰弱，法拉第回憶道：那時每天只有兩片薄薄的麵包，肚子餓了也只能拿燕麥糊加幾粒玉米粒充飢。不過他們不以為苦，「知足常樂、樂天知命」可說是法拉第一家的信念，父親天性樂觀、很愛唱歌，母親則作為家人最大的後盾，細心照護這些孩子，日子雖然苦，但是這份苦卻讓他們緊密的結合在一起。

然而這樣的環境還是給予法拉第不小的阻礙，由於實在太窮了，所以無法接受完整的教育，父母親頂多只能讓他讀完小學，學校老師教的就只有基本的識字和算數，更不用說像其他科學家一樣，有著從小飽覽詩書、學習前人知識等事蹟好說嘴。法拉第下課後就大概只能在倫敦市區的街道上溜達，不過或許就是這樣，他在這大城市裡接觸到各式形形色色的人，有戲院、書店、商店等各種店家，這些外界五花十色的刺激替代閱讀，擴展他的視野。

好老闆帶你上天堂

小學畢業後，法拉第就先到一家印刷店打雜，希望能減輕家裡的負擔，這家印刷

▲ 雷伯印刷店正面圖，法拉第因為在這裡當學徒，有機會閱讀許多書，奠定了他的學業基礎。
▶ 現在雷伯印刷店舊址的牆面，有一面銘牌說明法拉第曾在這裡當做學徒。

店由於品質和技術都讓人信賴，在倫敦非常有名，印刷界有誰不認識雷伯先生。不僅如此，他更是一位好老闆，經營的秘訣就是「快樂的工作氣氛」，因為快樂的工作氣氛是團隊運作的最佳潤滑劑，並且也重視學徒的訓練，善於挖掘他們的個人特質。

法拉第在印刷店的第一份任務是負責送報紙和折報紙，雷伯先生果然是位高深莫測的師父，預知他註定要在科學界發光發熱，所以得先從基本中的基本做起，正所謂少林寺裡誰武功最高，當然是掃地僧啦。法拉第也非常受教，不埋怨工作內容枯燥乏味，反而認真投入，由於印刷不如現在普及，因此報紙變成一種可比跑車、珠寶一般的奢侈品，手拿著報紙可說如同拿著星巴克，手敲著蘋果筆電一樣潮，哪像你現在去買報紙，一份最多15元，看完拿去回收也不覺得可惜。在當時大家只能共同傳閱一份報紙，而法拉第的任務就是準時的將報紙送到第一家，等他看完後，立即將報紙整理好，像份新報紙一樣，再馬上送到下一家，尤其當時英法戰爭開打，報紙的閱讀需求大增，法拉利的工作就變得更為繁瑣，雖說等人看報紙的時間實在很無聊，但是他卻利用這些零碎時間，思考如何可以把報紙折又快又好，或是在最短的時間內送到下一家，這種自虐，喔不是，精益求精的精神實在令人敬佩。

這小伙子的確是不簡單！雷伯先生當然也都看在眼裡，後來就升他為學徒，工作內容也開始接觸店內的核心工作——書本的印刷和裝訂。可是枯燥乏味還是免不了，畢竟要把送來的紙張一頁頁排好、對齊、壓平，接著選擇適合的封面，最後再

將這些紙張釘成一本書,就這樣一本來、一本去,每天不斷重複相同的工作,但是法拉第就是擅長做這些別人口中的無聊透頂之事,並且能從中找到樂趣,所以他又開始思考增進效率的方法,不久之後,他就成為店中的裝訂達人,你說說這不是老闆眼中的好員工,誰才算是呢。奇怪,法拉第不是最後會成為科學家嗎?怎麼突然變成一位傳奇裝訂達人的誕生。

愛讀書才是科學研究的入場卷

那麼法拉第到底還要不要學科學?要讀書是吧,而書不就來了嗎!送來印刷店的書千奇百怪,甚至連藝術繪畫、橋樑建築、醫學、化學等專業科目都有,他白天工作時裝訂什麼書,下班時就看這些書,雷伯先生當然也知道他的行為,不但不阻止他、也不讓他加班,反而如果裝訂後有多餘的書,還可以免費帶回家。不久他開始接觸到一些特別的書籍,也發覺到自己的興趣所在,他特別細讀大英百科全書裡面有關電學的文字,也想動手做一些實驗。有一次他的電學實驗缺少兩個電瓶,到舊貨店看了價格後,才發現自己只夠買一個,於是惦惦手上的錢就回去。之後舊貨店的老闆就常常看到這小子,一直來看這兩個電瓶,但是只摸不買,直到有一天他問法拉第說:「你到底要不要買啊?」法拉第還是看看手上的錢,老闆就說:「電瓶都被你摸到不值錢了,兩個都拿

走吧。」就這樣讓他心滿意足的拿著這兩個電瓶回去。此外,他也拿到一本由瑪西夫人(Jane Marcet)撰寫的《化學對話》(Conversations on Chemistry),這本書可說是當時化學的科普讀物,內容主要是針對普羅人眾,介紹化學的基本知識,以及許多相關的基礎實驗。想當然爾,以法拉第的個性,一定就是動手把裡面所有的實驗做過一遍才肯罷休。

這些書有些滿足了法拉第的求知慾,有些引發他的興趣、影響後來的研究方向,而當中卻有一本書實實在在的奠定他作研究與為人處事的基礎,就是以薩華茲(Issac Watts)所著的《悟性的提升》(The Improvement of the Mind)。這本書對於如何讀書以提升個人的知識有著獨到的見解,書本一開頭就說讀書好像吃栗子,有人雖然讀很多書,卻只是吃到外面沒滋味的皮,如果沒有吃到裡面的黃色栗子肉,讀再多書也是浪費時間。

以薩華茲在書中列出5個讀書的方向:

1. 做正確的筆記

準備一本筆記本,可以隨時隨地記下靈感、所收集的資料和學習心得,然而不是一昧的抄寫內容,而是要經過整理、消化、最後以自己的話寫下文字。

2. 持續不斷的學習

保持一顆謙虛受教的心,知識只會不斷

的增進，心中不要有所成見，要謙卑的吸收知識，千萬不要自己學歷低就畏縮，同樣的不要有所成就時就看低他人。

3.要有讀書的同伴

自己讀書難免產生盲點和懶惰心，書本上的知識也可能出現偏頗、錯誤，有讀書的夥伴可以互相激勵和討論。

4.成立讀書會

讀書會不僅作為討論知識的場所，也可藉此發表自己的學習心得，並且接受同伴的檢視。彼此互相評論，時時刻刻修正，學習才能更為扎實。

5.仔細的觀察與精確的用字

在進行研究時，要檢查自己所觀察到的現象是不是僅限於某種特定情況，凡是所作的結論必須要禁得起他人檢驗。而文章的用字也必須精確，不可含糊，有時逼不得已必須要新創名詞才可以正確表達時，也要小心嚴謹，不要為了追趕流行而任意創造。

這5個讀書方向不僅建立了法拉第日後的研究框架，也貫徹到為人處事上。他在雷伯的印刷店中，不斷閱讀和學習，也從中抄寫筆記，想必你應該可以想到他的下一步了，沒錯！法拉第要開始找尋讀書的同伴和成立讀書會了。

法拉第的驚嚇瓶

法拉第所買的電瓶，又稱為萊頓瓶，是用來儲存電荷的工具，可說是最早的電池雛型。萊頓瓶外表是一個玻璃罐，罐子裡面和外面各包覆金屬箔，瓶口上端接一個金屬球桿作為電極，下端利用金屬鍊條連接罐子內的金屬箔。充電方式是將電極接上靜電產生器（例如摩擦起電）等來源，並且外部金屬箔接地，這樣就完成充電步驟。不過這種電池容量很小，僅能放電一次就沒電了，所以以前科學家在進行電學實驗時非常辛苦，必須不斷的充電。

我們也可以利用手邊簡單的材料，做出功能一樣的萊頓瓶。首先要喝二杯手搖飲料，取得塑膠杯（已經有了，就不用喝沒關係），兩個杯子外側各包覆一層鋁箔紙，之後再將這兩個杯子套疊在一起，注意這兩個杯子的鋁箔紙不可以互相接觸，之後剪一段鋁箔紙插入內側杯子的鋁箔，同樣這段鋁箔紙也不可以與外側的鋁箔接觸。接著請一位受害者空手拿著外側杯子，你就可以開始用紙抹布摩擦PVC塑膠管，之後將PVC管靠近但不要接觸外層鋁箔，反覆約20次，這樣就完成充電了。最後請受害者以另一隻手碰觸內側凸出的鋁箔紙條，而他的反應就不劇透，以免雷到大家。

title： # 歡迎來到鐵頓科學教室

名師鐵頓開課，團報沒優惠

「沒錢、沒錢、沒錢」。雖說法拉第本來就是個窮小子，身上沒錢就跟三餐吃不飽一樣是件稀鬆平常的事，不過今天卻是顯得特別煩惱，煩惱的不是沒有錢參加生日趴、跟朋友唱歌，而是看到一張廣告單，上頭寫著「鐵頓都市哲學會招生，讓你就此變成科學天才」。沒想到法拉第是為了沒有錢上補習班而煩惱啊！尤其是家裡的環境仍舊沒有改善，父親也因為身體不堪負荷，而將鐵匠工作交付給大哥，好在這位大哥早就看穿法拉第的煩惱，就塞給他學費，幫他一把。

鐵頓都市哲學會(The City Philosophical Society)是由銀匠鐵頓(John Tatum)所開立的私人補習班，每週三晚上上課，講授的主題有化學、電學、光學和天文學等，除了鐵頓負責擔任上課的老師以外，學員們也要輪流當老師，上課內容除了單純的講授，有時也會穿插實驗，參加的人大多是社會底層的人，他們教育程度普遍較低，希望透過額外的進修，改善自己的生活，所以這類的私人補習班在倫敦非常常見，外界戲稱這是窮人版哲學學會，想當然爾，也可以了解為什麼法拉第這麼想要進入這樣的環境。

法拉第終於可以踏入鐵頓的教室，「上課就是要抄筆記啊，不然要幹嘛」，除了完全投入在吸收知識以外，他也將抄寫筆記的天賦發揮到極限，不但像台MP3錄音機完整記錄老師上課的內容，也內建資料分析處理器，同時記下心得與疑問。他每次在上課前會搶先坐在最前排，把空白紙張對折成一半，左半邊全力抄寫老師上課的內容，包含所講的每一句話、實驗所需的材料與步驟；右半邊則是利用空檔寫下自己的心得和疑問。下課後趁記憶猶新，馬上重新謄寫上課的筆記，除了消化整理原有的紀錄，也可以查資料解答上課產生的問題，而這第二份的筆記就成為這堂課的精華所在。

課堂上的所有事，我管定了

鐵頓課堂上的所有動作、聲音，緩慢的彷彿都在法拉第的眼中凍結，他的大腦細細品嘗老師所講的每一句話，同時手還優雅的寫下上課的內容與心得，不時注意上課的環境是否保持空氣流通，尤其晚上上課時，大家都帶著白天工作的疲累，要是空氣沉悶、讓人呼吸不順，老師就應該要暫停上課，不然會顯得沒有效率。或是留意學生上課的態度，這位同學眼睛盯著黑

板瞳孔放大，腦筋一片空白，口水差點流下來，那位同學跟我一樣猛抄筆記，不過一問三不知，顯然有聽沒有懂，可惜啊，可惜。

法拉第不單只是做個吸收者，他每次上課後都會幫老師的上課內容打分數，有時候是認為老師的教學順序需要調整，或是記錄教材內容哪裡還有不清楚的地方，而這些也都變成筆記裡的文字，因此他在教學上也有很多心得，認為老師應當要視學生的情況，調整教學的步調，而不是冷漠的站在講台上，自顧自的講課，上課可以適時帶點肢體動作或是提供圖表，讓學生更快進入課程。

老師在示範實驗時，除了要仔細介紹所用到的器材，步驟進行時也要考量學生的位置，以免擋到他們的視線，最重要是做實驗不必過分講求結果是否正確，如果結果不對，也可以利用機會說明發生誤差的原因，讓學生可以思考。法拉第與其他科學家最大的不同在於這種對於教學上的熱忱態度，他不僅擅於學習，也設身處地為聽講者著想，這也是為什麼他日後每次的演講與上課都能場場爆滿的原因。

讀書不但讓我頭腦變好，還交到女朋友

「獨樂樂不如眾樂樂」，法拉第在課堂上結交到許多志同道合的好朋友，大家互相勉勵學習，並且額外籌組一個小型讀書會，還取了一個俗擱有力的名字，稱為文藝俱樂部。大家定期聚會討論文章寫作和科學新知，他也結交到幾位一生的好友：艾伯特，兩人時常寫信。菲利浦，之後成為一位化學家和科學期刊編輯，在科學研究的路上幫了法拉第很多。伯納爾，他的妹妹甚至成為法拉第的太太。當初法拉第哥哥幫忙贊助的學費，是不是CP值很高呢？不但學習到知識，結交到一生的好友，還可以娶到另一半，果然老師說要好好讀書，不是沒道理啊！

鐵頓補習班不只老師要上課，學生也要教課，那麼終於輪到法拉第了，果真他把教學的觀察與心得全部實踐在課堂上，他在開始講課前會先發講義，最多不會超過兩張紙，一樣都對折，左邊是今天的內容重點，右邊則是實驗的器材步驟，剩餘的空間就留給學生記錄心得和疑問。而他第一次上課的內容就是討論電的本質，他認為電不是透過以太所傳遞，而是兩種不同力的作用導致，姑且不論內容對或錯，但是架構確實完整，所引用的資料非常扎實，甚至還有重要的科學期刊佐證，這讓鐵頓非常驚訝，他只是個普通銀匠，這裡的學生連書都快讀不懂了，更何況是主動搜尋研究文獻，法拉第到底是何方神聖？之後鐵頓就額外指定更多的資料和研究文獻給法拉第參考，此時法拉第的程度已經遠遠超過同伴了，但他還是不斷在上課、吸收資訊、做實驗，另一方面也希望有奇蹟降臨。

閃亮的化學貴公子

這時法拉第就像塊超級海綿，吸入的知識就像進入無底洞，體內高漲著求知的渴望，印刷店的雷伯先生也默默的在一旁支持，乾脆讓他免費住在印刷店裡，甚至在廚房挪出一些小空間讓他可以擺放實驗器材和做實驗，而這時候印刷店恰巧來了一位貴人——英國皇家研究院會員的當斯（William Dance）先生，剛好來店裡要裝訂報告，雷伯先生好心的介紹法拉第給他認識，甚至拿了他的筆記本給當斯參考，趕緊把他推銷出去，以免妨礙印刷店生意（誤）。當斯先生非常欣賞這位年輕人，一口氣給了他四張化學家戴維（Humphry Davy）在皇家研究院演講的門票，這可說是天上掉下來的禮物，研究院的演講在當時可說是上流社會才可以負擔的起，你覺得看報紙已經很潮了，那麼聽皇家研究院演講簡直就是潮到出水，尤其戴維可說是化學界的貴公子了，不僅是外表帥氣、更是許多化學元素的發現人，是聲望如日中天的化學家，最重要的是單身，每次演講都吸引眾多盛裝前來的貴族少女粉絲。

人生勝利組──帥哥戴維

戴維被人稱為無機化學之父，主要是因為他一口氣發現6種元素：鈉、鉀，鎂、鈣、鍶、鋇。戴維原本是在研究一氧化二氮（笑氣 N_2O），爾後進入皇家研究院擔任化學演講的助手和實驗主任。由於他外表帥氣，演講時的實驗表演又很炫麗，其魅力席捲整個倫敦，演講的座上賓滿是女性聽眾，隨後他年僅23歲就成了研究院的會員。

戴維開發出一種熔鹽電解的實驗方法，主要是利用將金屬鹽類通電，純化出這些鹽類中所含的金屬元素，這讓當時原本以為是元素的氫氧化鈉和氫氧化鉀等物質，重新得到鈉、鉀等元素，所以讓他聲名大噪。

▲圖書裝訂流程圖。十九世紀時，法拉第學藝的印刷店不像現在有機器幫忙，一切都是純手工，法拉第因為認真學習，在雷伯印刷店學成之後，轉到另外一家印刷店去當書籍的裝訂師傅。

法拉第聽完這4場演講後,靈感就像永無止境的煙火在大腦不斷的爆發,手中的筆好像脫離了掌控,具有生命一般,沙沙的不斷舞動,最後完成一共386頁的筆記,他也對戴維教授的一席話感同身受:「化學不是配藥、不是煉礦、不是製作肥皂。化學是了解自然運作的一個管道,我們周圍的現象幾乎都和化學有關。」

雖然得到許多人幫忙,但是現實環境卻開始變糟,他從雷伯先生的店裡正式畢業,成為可以獨當一面的裝訂達人,可是新印刷店的工作環境無法留給他多餘的時間,可以自由運用;想到皇家研究院應徵工作,寄去院長的信也石沉大海;再加上父親去世了,家裡的情況需要他去找份穩定的

工作,這些都讓他煩惱一陣子,還好法拉第大哥又跳出來幫忙說:「打鐵我來,研究你去。」並且當斯先生在了解情況後,建議他可以把求職信和筆記本直接寄給戴維,搞不好會有效。

一切就是這麼巧,戴維剛好在做實驗時不小心發生爆炸,讓眼睛受傷,需要有人來幫他記錄實驗數據,這時就想到寄來筆記本的法拉第,就讓他來當個臨時助理,而一切又是這麼巧,學會有一位資深助理不爽領22K薪水,在實驗室裡發飆而被資遣,戴維認為法拉第做得不錯,就建議研究院可以錄用他,於是在1813年3月1日這個神奇的時刻,22歲的法拉第終於踏進學術的大門,開始要大展身手了。

皇家研究院與皇家學會

皇家研究院(Royal Institution)成立於1799年,與牛頓所屬的皇家學會(Royal Society)是不同機構,成立緣起是因為當時皇家學會已成為倫敦上流社會人士的交流場所,大多數的會員對自然科學幾乎不感興趣,於是班傑明・湯姆生(Benjamin Thompson)與伯納德爵士(Sir Thomas Bernard)等人創立皇家研究院,創立目的為「透過公開演講和實驗促進科學知識的普及」。研究院院址在倫敦,院內備有講堂與實驗室,雖然研究院冠上皇家兩字,但是實際上屬於私人機構,研究院運作經費來源來自於會員所繳納的會費與各界贊助。

▲ 皇家研究院建築物
▼ 皇家研究院當時所舉辦的公開演講

title：

我的人生不會一直魯下去

錢多事少離家遠的22K

真是無比美妙的一天，法拉第終於踏入皇家研究院的大門，成為研究助理，不但可以從事自己喜歡的科學研究，還可以多少改善家中的環境，可說是一舉兩得。然而皇家研究院不是我們所想的那麼風光，唯 的固定收入來源是會員所繳納的會費，所以時常入不敷出，需要靠外界的捐贈才有辦法持續運作，當不景氣的時候，連皇家研究院院長都得賣老臉，一個個拜訪王公貴族，找尋贊助，更慘的是連無薪假都沒得放，還做白工，因此職員的流動率很高，不過縱使只有錢多事少離家遠的22K，法拉第還是願意做，因為他看上的是可以自由使用研究院裡面的設備和資料，簡直讓他笑到嘴角都要裂開了。不過也由於法拉第做事負責，不久就從研究助理升任到戴維教授實驗室的管理員，然而這個優點也帶給他一些困擾，其他教授眼見他任勞任怨，所以也凹他幫忙處理實驗雜務，不過他不以為苦，這些就當作學習的一部分。

法拉第在研究院工作半年後，戴維決定要留職停薪到歐洲參訪各國科學家，加入這個遊學團的還有他新婚的妻子，沒錯，英國的化學貴公子死會了，多少少女的心

都碎了。當然法拉第不會放過這個大好機會，可以親眼看到書本上那些科學家，不過因為原本隨行的僕人不願意跟去歐洲，所以法拉第此行除了擔任戴維的實驗助手，也要負責僕人打雜的工作，此時他正在想像會遇到哪位大科學家，卻想不到自己在這趟旅程中也認清科學界現實的一面。

▲電鰻這種生物對於電力學的發展有很大的貢獻。不僅法拉第利用牠了解了電流的特質，據說伏打也透過解剖電鰻而發明了電池。電鰻全身有許多放電體，牠的頭部是正極、尾部是負極，可以發出很強的電力，大型電鰻發的電力據說可以電死一匹馬呢！

歐洲豪華遊學團出發

　　歐洲不愧是科學和知識的聖堂，顯然各國的民俗風情與景色都無法吸引法拉第，果然他身上可是留著科學的藍血，譬如經過義大利維蘇威火山時，他爬到山頂收集到一些氣體，和戴維分析後發現裡面有一種很輕的氣體，也就是我們所稱的甲烷（天然氣的主要成分）；到了奧地利發現有一種生物叫電鰻，想要研究生物所放出的電是不是跟伏打電池所產生的電具有一樣的

性質；以及和戴維利用巨大的透鏡，聚集太陽光燃燒鑽石，發現鑽石是由碳組成等等。旅行中最大的發現要屬碘元素，法拉第在日記中寫道：「1813年11月23日，安培（Andre Marie Ampere）先生帶來一種新的物質，據說當初是濃硫酸不小心滴在海帶上而發現，這塊東西很有趣，平常是紫黑色的固體，只要加熱就會產生紫色的氣體，戴維老師經過一連串分析，確認它是一種新的元素。」沒想這一趟科學之旅，竟然也可以參與到一種新元素的發現，想

鑽石與碳

什麼～鑽石竟然也是碳，竟然跟黑漆麻烏的石墨成分一樣，戴維和法拉第會不會做錯實驗啊？搞不好現在的科學家已經推翻這個結論。NO、NO、NO，現在科學家已經證明鑽石確實是由碳組成，那為什麼外觀和價錢又會與石墨有著天與地的差別呢？原因在於鑽石需要高溫、高壓的環境下才能形成，通常發生在地底140～190公里深的地方，並且需要經過10～33億年的時間才有辦法形成。

鑽石的堅硬眾所皆知，是地球上最硬的物質，所以除了作為象徵「恆久遠」的珠寶裝飾品外，還會用在鑽探、研磨、切削等工業工具上。有些鑽石還會因為一些微量元素，而產生不同的顏色，譬如含有硼就會呈現藍色，含有氮則是出現黃色等。

▼鑽石的碳元素結構為立體狀晶體

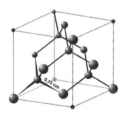

▼石墨的碳元素結構為平面狀層疊

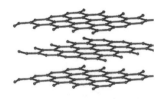

必法拉第這時候應該是高興到跳腳，而且在這巡迴各國的途中，他也認識到許多像是安培等大科學家，有著面對面討論的機會，回國後也保持書信的連絡，這也直接提高他在科學界的知名度。

母親，我是不是真的很魯？

法拉第是位有趣的人，他不但喜歡抄筆記，也保有寫信和日記的習慣，應該說是位熱愛動筆的人，信件和日記裡面不僅寫著研究歷程，也記錄自己的心情，後人也將這類文件集結出版成書，讓我們可以了解當時法拉第與其他人相處的情形。他在歐洲期間常常向母親寫信道平安，說著「經常」遇到開心的事，事實真是如此嗎？其實這趟歐洲之旅讓他看盡人間冷暖，科學界並非他想像中的那麼美好，有些科學家的眼睛長在頭頂上，非常勢利，只講求學歷出身。「在科學界有誰不認識法拉第先生，您是在皇家研究院工作對吧？我們從小都看著您做實驗長大的，那您是劍橋還是牛津大學畢業？什麼，才小學畢業，魯蛇（loser）一名，麻煩旁邊拉車，謝謝，別浪費我時間。」不但如此，戴維太太還真的把他當作佣人，嫌他笨手笨腳，很難使喚，還不願意和他同桌吃飯，連帶著戴維也開始對他冷言冷語。這些冷嘲熱諷、階級歧視不斷的在旅途上發生，就算是好脾氣、天性樂觀的法拉第也禁不起而情緒爆發了，不過法拉第終究還是法拉第，溫和的他就算爆氣了，也只是寫信給好友艾伯特說道：「這些人從科學中學習到知識，也沾染了傲慢的臭氣，滿嘴專有名詞，雖然以科學界的菁英分子自許，但是流於外表，穿著紳士服裝、手插腰抽著煙斗，企圖塑造一座高塔，從高塔上鄙視一切。他們都忘記自己原先也有青澀的一面，學習知識不就是從謙卑開始，由謙卑結束嗎？知識無涯無垠，學習過程沒有先後、階級之分，這些人都困在自己的象牙塔中。」

學成歸國的第一件任務

這趟旅途已持續了將近兩年，原本計畫繼續前往其他國家的戴維，也因為歐洲即將爆發戰事而決定提前回國，這個決定剛好讓心情沮喪不已的法拉第能夠回家休息，他回去後將旅途中省吃儉用的錢，拿回家改善家庭環境。皇家研究院恢復他的職位，並且升職、加薪20%，除了原本的實驗工作，需要再幫忙化學教授布蘭地準備教材與實驗工作。此時他桌上擺著一塊從義大利拿回的托斯卡尼石灰石樣本，托斯卡尼所產的石灰石因為質地堅硬、顏色白皙，所以深受雕刻家與建築師喜愛，但是時間一久，這些石灰石就會產生龜裂、甚至出現黑斑，於是戴維讓他帶回來實驗室進行分析，研究後發現原來是因為空氣中的二氧化碳變多，讓雨水變酸，而石灰石的主要成分是碳酸鈣，碳酸鈣一遇到酸雨就會溶解，因此讓石灰石產生龜裂，

並且若是黴菌或是髒汙跑入這些縫隙，黑斑也就會隨之發生，而這樣的結果被法拉第寫成一篇研究文章《自然侵蝕石灰石的分析》，之後刊登在《科學季刊》上，這篇文章非常具有紀念性，因為是他一生發表450篇研究文章的第一篇，法拉第事後回憶道：「沒想到，我竟然也有機會寫出一篇科學文獻，並且投稿到期刊上。」

▶石灰石所雕刻的頭像
▼托斯卡尼的風景與建築物都非常有特色，傳統屋舍建築最常使用的建材就是石灰石。

title: # 旋轉吧！我的愛情馬達

法拉第忙碌的日常

法拉第在新職位上又顯得更為繁忙，除了要替布蘭地教授準備實驗和課程，還要應付愈來愈多的委託案，這些委託不外乎是一些外界人士希望研究院能夠協助分析化學物質、改善機械效能等案件，雖然這是件吃力不討好的工作，但是這些案件卻可以為研究院帶來財源和名聲，所以自然無法拒絕，況且法拉利也很享受這樣的過程，他不斷的靠這些案件磨練自己的技能，並且從研究分析中挖掘樂趣。當中最重要的案件就屬協助戴維改良礦工燈，當時礦工採礦環境非常差，工安意外頻傳，除了礦坑時常發生崩塌，礦工手持的油燈也會不小心引燃礦坑中的甲烷發生爆炸。因為油燈的火焰裸露，所以可以想像礦工手拿著一根點燃的蠟燭，在沒有防護的情況下，裸露的火焰就很容易引燃其他物品，所以戴維和法拉第就在油燈火焰的

▶ 戴維所改良的礦工燈，可以看到燈內部有多出一個金屬網罩。

外圍額外多加一層金屬網罩，這層金屬網非常緻密，可以防止火焰因為風而隨意飄動，但是又可容許空氣通過。此外，因為金屬導熱很快，因此可以有效的將火焰周圍的溫度，下降至無法點燃甲烷的溫度，如此一來就可以避免爆炸事件再度發生。除此之外，也有委託案請他研究各種金屬合金，後來發現只要在鋼材裡面調整碳、矽的含量，就可以讓鋼材變得更為堅硬銳利，後來英國陸軍就用這類的鋼材製作軍刀，不過法拉第知道英軍委託他的目的後，不希望自己的雙手沾上戰爭的血腥，因此就不再繼續研發和接受這類的研究。

重逢初戀情人

就在法拉第為學會的委託忙得焦頭爛額之際，戴維和歐勒斯頓（William Hyde Wollaston）也正為了一項電磁實驗失敗而發愁，他們也將這項結果告訴法拉第，剛好他在文藝俱樂部的好友菲利浦，現在正擔任哲學年報的編輯，向他邀稿寫一篇電磁學的歷史回顧，就是這些契機讓法拉第回憶起青梅竹馬的初戀情人——電學，只不過外界的野花讓他暫時忙的不可開支。他為了這篇歷史回顧，開始研讀過去的研究文獻，並且重做每個關鍵實驗，我

們可以跟著法拉第的腳步，在1821年當時已經熟讀文獻的他應該要知道2件電學大事：

1. 1820年奧斯特（Hans Christian Oersted）將指南針靠近通電導線的附近，發現磁針會出現擺動，這是顯示電力可以產生磁力的劃時代實驗。

2. 1820年安培將兩條擺放得很近的導線通電，當通入的電流方向相同時，這兩條導線會互相吸引；然而通入的電流方向相反時，兩條導線則互相排斥，這些結果證明電力可以跟磁鐵的磁力一樣，具有相吸和相斥的性質。

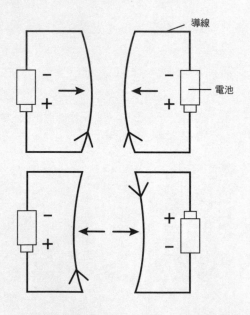

那麼戴維和歐勒斯頓所苦惱的電磁實驗又是什麼情況呢？歐勒斯頓從安培得到靈感，安培認為導線的互吸和互斥，是因為電流方向不同而產生，歐勒斯頓也認同這種想法，不過他認為電流在導線內以螺旋方式前進，並且磁鐵也會出現螺旋狀的電流，所以當兩者靠近時，導線應該就會因為互斥或互吸而發生自轉，然而他將一根通電的導線接近磁鐵後，導線卻一點動靜都沒有。法拉第知道這樣的結果後，覺得歐勒斯頓的想法有些問題，若是導線和磁鐵都出現螺旋狀的電力，那麼兩者應該會互相抵消，導線也就不會旋轉，並且他又想到奧斯特的指南針實驗，指南針會因為通電的導線而發生偏轉，指南針其實也算是一種磁鐵，所以應該是磁鐵會繞著通電導線旋轉，或是通電導線繞著磁鐵旋轉。為了證明這個想法，他製作了一個裝置，有兩個玻璃瓶，各裝滿水銀（作為導電的液體），左邊玻璃瓶上方有一根導線插入水銀中固定不動，瓶子底部接上一根可轉動的磁鐵；右邊玻璃瓶上方的導線一樣插入水銀，但是可以轉動，瓶子底部的磁鐵則固定不動。他將裝置通電後，發現左邊玻璃瓶的磁鐵開始繞著導線轉動；右邊玻璃瓶的導線也繞著磁鐵轉動。太棒了，電流果然可以轉換成磁力，並且可以與磁鐵的磁力作用，哈哈哈，轉啊！轉啊！法拉第突然背脊一涼，轉頭望向角落的背後靈，不是，是親愛的賢內助──薩拉。法拉第低頭扭捏說：「對不起，薩拉，蜜月旅行可不可以晚一點才去。」

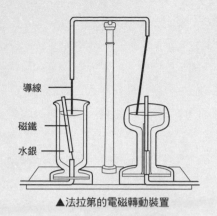

導線

磁鐵

水銀

▲法拉第的電磁轉動裝置

電學裡有一種力量，叫做愛情

薩拉到底是何方神聖，竟然可以將平日操弄電學於手指之間的法拉第，電到神昏顛倒、墮入愛河。法拉第是在教會裡面認識薩拉，湊巧她是文藝俱樂部中伯納爾的妹妹，在文藝俱樂部時期，法拉第時常每個星期大晚上都曾到柏納爾家作客，兩人在飯後有時唱歌、有時討論實驗，奇怪的是他每次到了10點左右就會準時離開，你一定在想這傢伙大概又忘不了實驗室的東西，而趕緊回去做實驗吧，事實上法拉第是個害羞的科學阿宅，他怕再待下去會露出禽獸的樣子，喔不是，是怕壓不住對薩拉的傾慕而趕緊跑走，果真是個沒經驗的愛情菜鳥。不過這份愛情的力量果然強大，法拉第在俱樂部竟然不發表科學研究心得，反而朗誦一首描述愛情的詩「喔～愛情」，柏納爾當然察覺到這個未來妹婿在動什麼「歪」腦筋，法拉第雖然木訥、不善言語，但也算是位有為的青年，之後就將兩人湊作對。

回到法拉第進行電磁實驗期間，此時他已經成為研究院的實驗室主任，雖然要處理的事情又變得更多，但是他可以帶著新婚妻子薩拉搬入研究院的頂樓居住，可是原本的蜜月旅行卻因為電磁實驗好不容易出現結果而暫時耽誤了，然而薩拉沒有公主病發作，反而體貼的等待他將實驗結果寫成報告，只不過當中等了三個多月，他們的蜜月旅行才正式成行，可見薩拉真的非常支持法拉第，曾有人建議她說：「妳為什麼不也讀些有關電磁學的書，這樣也可以了解妳先生的研究。」薩拉說：「這些研究幾乎已經耗盡他的心力，我要做的不是再打擾他，而是當一個盡責的枕頭，讓他可以放鬆倚靠，只要靜靜的等待他睡著，我就心滿意足了。」法拉第終於將這篇電磁實驗研究文章寄出，菲利浦一定意想不到，原先只是一篇電磁學歷史回顧，現在手上卻是一篇革命性的科學文獻，然而更讓法拉第想不到的是，這篇研究報告也伴隨來師徒分裂和科學界的責難。

▲法拉第在皇家研究院的住所

復刻法拉第電磁轉動實驗

天啊！竟然要重現這麼經典的實驗，你是不是感到手足無措、雙腳發抖呢？那麼你就太過擔心了，只要有一顆4號電池10元、一根15公分銅線或鋁線5元、三顆圓形強力磁鐵30元（尺寸為10X5mm）、以及手工的心意無價，湊足這些材料，就可以做出法拉第的電磁轉動裝置。

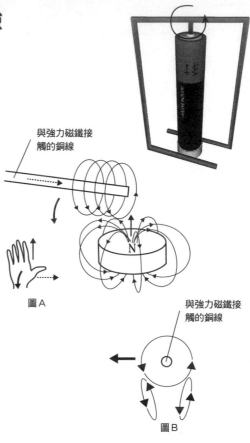

與強力磁鐵接觸的銅線

圖A

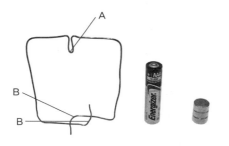

步驟 1 先將銅線或鋁線如圖所示彎折，銅線A處要放在電池的正極上，銅線B處則是要接觸到圓形強力磁鐵。

步驟 2 先將三顆強力磁鐵吸附在電池的負極，接著再將銅線如圖所示放置在電池正極上，此時銅線就會順利轉動。

注意事項：
1. 銅線A處要確實與電池正極相接，銅線B處也要與磁鐵接觸。
2. 銅線轉動時可能會因為速度過快而飛落，可以自行調整銅線的形狀和角度。
3. 當銅線與電池接觸時，會因為通電過久而發熱，所以用手碰觸銅線時應注意避免被燙傷。

與強力磁鐵接觸的銅線

圖B

我們可以從示意圖A看出，銅線的兩側與電池平行的線段，就是法拉第電磁裝置的通電導線，而強力磁鐵就是玻璃瓶內的磁鐵棒，當電池提供電流後，銅線就會繞著強力磁鐵轉動。這種裝置是不是跟馬達很像呢？由於它不需改變電流方向，就可以產生轉動，所以稱作單極馬達。

從與強力磁鐵接觸的銅線看出，電流（虛線箭頭）經過銅線會產生螺旋形磁力（細線箭頭），並且與強力磁鐵的磁場產生作用，讓銅線開始轉動。圖A，根據右手開掌定則，食指箭頭是強力磁鐵的磁場方向，拇指箭頭是電流方向，掌心箭頭則是銅線移動方向。圖B則是銅線磁場與磁鐵磁場的互相作用。

title : # 亦師亦敵亦友

小子，不知道發表文章要先拜碼頭嗎？

法拉第在電磁實驗實現電磁轉動的結果，讓他異常興奮，除了一圓年輕時的夢想，也達到劃時代的成就，不過卻伴隨著出乎意料之外的災難。

《科學季刊》一登出他的電磁轉動文章後，一時之間在科學界引起廣大討論，因為這可是第一篇研究可以直接證明電流所產生的磁力可以跟磁鐵的磁力互相作用的研究，就連遠在歐洲的各大實驗室都競相重複他的實驗，討論電磁轉動的現象，除了法拉第三個字立刻在科學界擦亮，但是酸民遍布世界各地、無所不在，這些科學家你一言、我一語的酸著，轉換成現代酸民的模式，大概是這樣：

酸酸 A：「**小學畢業做出來的實驗可以信嗎？**」

酸酸 B：「**如果是真的，我就發雞排加珍奶。**」

酸酸 C：「**剛好天上掉下來的，踩到狗屎而已啦！**」

酸酸 D：「**阿不就是好棒棒，這麼好運，怎麼不去買大樂透。**」

酸酸 E：「**哪有可能是他自己想的，還不是抱歐勒斯頓的大腿。**」

法拉第生氣了，不是因為生氣沒去買大樂透，而是有人說他抱歐勒斯頓的大腿，抄襲別人的想法，抄襲可說是科學界的禁忌，科學研究講求的是誠實和原創，一旦發現抄襲別人的作品或是想法，下場就是被科學界放逐，所以這對於法拉第而言，已經不再是對實驗上的批評，而是針對人格的羞辱。

毋庸置疑，這個電磁轉動實驗確實有一部分來自於歐勒斯頓的想法，但是我們不能苛責法拉第，畢竟這項實驗是從歐勒斯頓的基礎上，重新改良和發展出新的實驗方式，任何明眼人都知道這兩個是截然不同的實驗設計，所以抄襲的指控是太過殘酷的說法。只能說法拉第雖然實驗做的比誰都多、都好，但是人情世故和科學界打滾的經驗卻是少之又少，其實他可以在報告的前言，簡短說明這項實驗是來自於歐勒斯頓的概念，或是描寫歐勒斯頓當初的實驗結果，作為他為什麼進行這樣實驗的原因，如此一來魚幫水、水幫魚，兩方都能從中獲益。法拉第真的這麼遲鈍到沒注意嗎？其實還是有的，他當時做出結果後，馬上就去找歐勒斯頓，但是他剛好出去旅行，那麼戴維呢？他也湊巧出國了，再加上法拉第實在太過高興了，以至於真的疏忽了。在這種情況下，他也只能向戴

維和歐勒斯頓求救，希望能為他向科學界解釋事情的脈絡，沒想到這兩人竟袖手旁觀，讓他自己看著辦，這時法拉第有理也說不清，認清自己就是個菜鳥，菜就罪該萬死，只好默默忍受這種非難，等待風暴過去。或許就因為他曾遭遇這種困境，以至於後來成為大科學家的時候，特別能體恤後進，能夠設身處地為他們著想，甚至主動提攜並且挖掘他們的才能。

▲歐勒斯頓，英國化學家，物理學家。他發現了鈀（Pd），銠（Rh）等元素，曾獲英國皇家學會頒發的科普利獎章。

師父為人很小心眼的，翻臉啦！

原本將法拉第視為子弟兵的戴維，為什麼不挺身而出替他澄清呢？難道是因為戴維對電磁實驗懷有芥蒂嗎？這確實是一部分原因，另一方面是法拉第已經逐漸取代戴維，成為皇家研究院中一顆熾熱的太陽，此時的戴維雖然身為院長，但是因為婚姻出現問題，以及平日流連於交際應酬，心早就已經沒有放在化學研究上，相反的，法拉第不斷的在研究上屢創新高，研究院怎麼能容的下兩顆太陽呢！勢必要有一顆太陽隕落消逝。心懷不滿的戴維企圖要再次掌控法拉第，這次他要法拉第陪他去義大利，可不要以為法拉第真的是傻子，嫌上次歐洲之旅還被虐個不夠過癮嗎？當然是拒絕戴維的要求。再來，無論是像安培等國外大科學家來訪英國，或是知名研究聚會的成立，通通找的是法拉第，沒有人想到戴維，這種失寵的感覺讓曾經是化學貴公子的戴維非常不是滋味。

而引發兩人正式決裂的導火線則是氯氣液化的實驗，法拉第一直嘗試將氯氣變成液體，不過怎麼做就是不成功，有一天戴維來到實驗室，問法拉第在幹嘛？他說在做氯氣液化的實驗，戴維就隨口一說：「你可以在封閉的玻璃管內加熱氯水的結晶看看。」於是法拉第燒製一根彎曲的密閉玻璃管，一端放有氯水的結晶並且加熱；沒放東西的另一端就放在冰塊中。實驗進行時可以看到氯水結晶受到加熱逐漸溶解蒸發，產生黃色的氣體，之後在另外一端就開始出現液體，最後把玻璃管敲破，這液體就立刻變成刺鼻的氣體消失，沒想到只要給予適當的壓力和溫度，就可以成功液化氯氣。並且法拉第這次學乖了，在發表這份報告之前，就先拿給戴維

過目，可是沒想到發表之後，他竟然發現報告的末段多了幾行字，標註著：「這個實驗是由我率先提出想法，然後指導法拉第進行這項實驗……」法拉第當然是非常錯愕，不過他再也不是以前戴維底下的乖寶寶了，接著在下一期季刊直接投書說：「其實也不是我和戴維先做出來的，早在之前就有人進行過類似實驗，只不過沒成功而已。」這下好啦，大家都不用爭第一，戴維簡直就是氣炸了，翅膀硬了，要造反是吧。這兩人一來一往的情況，當然也看在其他會員眼裡，法拉第雖然已經是實驗室主任，可以獨立進行研究，但是實際上還是附屬於戴維，無論做什麼研究都得看他的臉色，這樣可不行，不然大家就推薦法拉第當會員好了。1824年1月8日，這天是法拉第自立門戶的第一天，會員們以19票贊成、1票反對，通過法拉第當選新科會員，此時的戴維卻成了跛腳院長，只能黯然的離開英國到法國散心。

▼法拉第液化氯氣的裝置

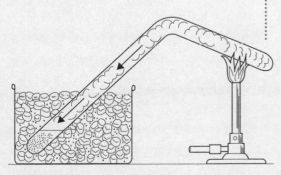

上帝請饒恕我的罪，我不知道法拉第是祢罩的

法拉第看似已經遠離戴維的魔掌，但是可別小看男人的忌妒心，他替法拉第接了一個爛攤子，就跟你說戴維很小心眼的，惹惱了師父，還想全身而退，作夢！皇家研究院和海軍共同計畫一個玻璃製作改良實驗，希望可以得到光學品質良好的玻璃鏡片，用在軍事用途上，這種重責大任當然由債主法拉第主持，並且也牽連兩位倒楣鬼參與製作。原本以為很簡單的任務，沒想到法拉第一研究就耗費了將近5年的時間，最倒楣的是還研究不出什麼東西，果然是最可怕的復仇，就連最擅長實驗的法拉第到最後也舉雙手投降。

那戴維現在一定是在國外仰天長嘯，「哈哈哈，誰人跟我鬥」，但是戴維也不好過，因為他在經過阿爾卑斯山時，遭遇大風雪，馬車和人員都陷入雪堆裡好幾天，隨從也因為害怕而四處逃走，只剩戴維和他的弟弟，他們狼狽的在惡劣天氣下四處找尋庇護所，剛好找到一間破舊的小教堂，勉強棲身，無助的戴維向上帝懺悔說：「上帝，什麼榮華富貴，爭名奪利，我都知道錯了，如果可以順利回去，我願意拋開一切，回到當初學習的地方，重新磨練自己。」沒想到，上帝果然給了戴維幾分顏面，讓他順利回到英國，並且也遵從與上帝的約定，就此淡出科學界。

戴維一生發現6個化學元素，並且也參

◀法拉第獨自一人在實驗室裡工作，據說他不喜歡有太多人在實驗室裡，因為那會影響到他的思考。

與2個元素的發現過程，在化學史上可說是戰績彪炳，一般化學家只要能發現一個新元素，就足以聞名世界了，不過這時對於戴維來說，功名不過如浮雲一般，即消即逝，晚年時他對學生説：「我發現的星星再多也沒有用，都比不上我發現的那一顆太陽。」而那顆太陽就是法拉第。

科學路上難得好夥伴

雖然法拉第在玻璃改進計畫上無疾而終，不過也算是因禍得福，他終於有了一位實驗助手，你大概很難想像吧，法拉第從進入研究院到現在為止，都是一個人單打獨鬥作實驗，可別誤以為實驗室裡面都有學生或研究助理幫忙，在成為會員之前，雖然身為實驗室主任，但是實際上的工作內容還是協助其他會員為主，所以自己就是助手了，哪會有助手又聘用助手來幫忙，而且他也認為在實驗室裡面的人愈少愈好，以免妨礙到他做實驗與思考。

不過這位助手安德生或許是個意外，他是一位退伍軍人，沉默寡言、服從命令，與法拉第簡直是天作之合，據說他曾經因為法拉第囑咐要維持鍋爐溫度，就一直看顧著鍋爐直到隔天早上法拉第進來，不離開的原因只是法拉第忘了解除命令！盡責的安德生一直協助他做實驗直到退休，這位助手甚至因此留名皇家研究院，現在在皇家研究院的官網上，都還可以看到他的相關介紹和相片，一個小小助手竟然可以做到歷史留名，是不是非常不簡單呢！法拉第或許是感應到戴維師父的改過向善，於是解開電磁學的封印，從這些雜務中甦醒，開始研究一個新課題──磁生電。

title： 電生磁，磁生電

祕密解開，猛虎出閘

在法拉第被戴維封印住電磁學的期間，其他研究學者可不是省油的燈，很多人都開始發展出更多的電生磁成果，例如：英國科學家史特金（William Sturgeon），他就將導線纏繞鐵棒，並且將導線通電，發現鐵棒可以產生磁性，而這就是現在電磁鐵的雛形。不過當時科學家們大多都在研究通入多少電可以產生多少磁力，或是像史特金一樣，將導線結合金屬，研究是否可以產生更強的磁力，然而這都不脫電生磁的研究範圍，那麼磁可能會生電嗎？或許有科學家留意到這點，但似乎一點消息都沒有。退隱科學界的戴維在1829年去世，研究院與海軍的玻璃計畫也宣告終止，法拉第除了斷開封印，身邊還多了一個好助手，這似乎是絕佳的機會可以重拾電磁學的研究，他看著先前電磁轉動的紀錄，最末段有一句他寫下的註記——「磁可能會生電嗎？」想著現在應該是動手的時刻了。

先偷跑的科學家注意啦，法拉第讓你們也讓夠了，他可要開始追囉！科學研究如同一場馬拉松，可不是先跑先贏，要有本事和奮戰不懈的人才可以跑到終點。他先做了一個實驗，在一個圓條型鐵圈的左右兩邊各纏繞幾圈導線，兩邊導線互不接觸，左邊導線連接伏打電池，右邊則是連接電流計，當左邊通電時，導線就會產生磁力，並且會沿著鐵圈影響右邊的導線線圈，重點來了，假使磁力可以產生電流，那麼右邊的線圈就應該會因為磁力而在導線內產生電流，使得電流計的指針發生偏轉，但是法拉第卻只看到指針跳動一下就結束，當然我們原本是希望看到電流

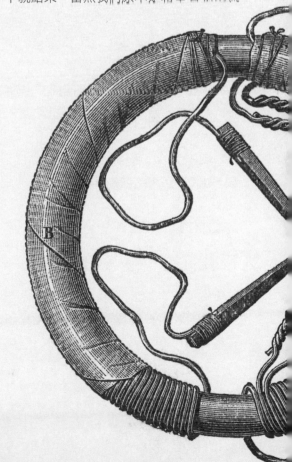

計的指針發生偏轉後就不會再跳回去，這才表示電流會源源不絕產生。不過法拉第——人稱皇家研究院的太陽，可不是浪得虛名，他很快就注意到指針的跳動不太尋常，因為斷電後再通電，指針又會再跳動一次，再斷電通電，指針又再跳動，這絕對不是鬼打牆，而是意味著瞬間產生的磁力才有辦法產生電流。勉強按耐住興奮的法拉第就再做了一個實驗來證明這個想法，他將導線纏繞成好幾圈，並且兩端接上電流計，若是將磁鐵通過導線線圈時，電流計指針應該就會跳動，於是法拉第將磁鐵瞬間插入導線線圈，指針就跳動一

下；再將線圈內的磁鐵迅速抽出，指針也會跳動一次，磁鐵來回不停的在線圈裡面移動，指針就可以持續的跳動，產生穩定的電流，天啊！伏打電池可以丟去旁邊，我們以後可以換成人力發電了。

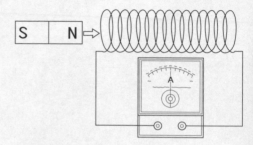

▲磁鐵來回進入線圈，就可以持續讓導線產生電流。

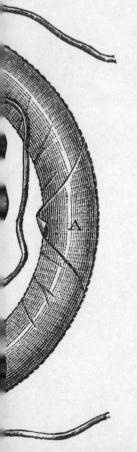

◀法拉第設計出來的磁生電實驗裝置手繪圖。

磁生電與變壓器

電器插頭的尾端有時候會接著一塊黑色方形物體，這個物體就是變壓器，可以改變插座供電的電壓，轉換成電器可以使用的電壓，變壓器的原理就來自於法拉第的磁生電實驗，變壓器內部的構造跟他的實驗裝置非常相像，原理是纏繞金屬的導線線圈數目與電壓有關係，所以只要改變金屬左右兩邊線圈數目的比例，就可以將輸入的電壓改變成所需要的電壓，雖然法拉第在1832年完成這項實驗，但是卻需要等到1880年代，電力變得普及時，才有第一台商業化變壓器誕生。

免電池手電筒

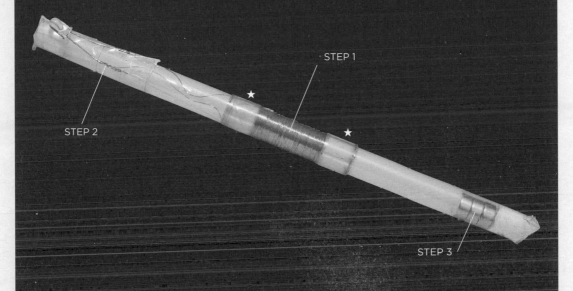

STEP 1

STEP 2

STEP 3

免電池手電筒是說太陽能手電筒吧，有太陽光才會發光，沒太陽光就不會發光，那要這種手電筒幹嘛！嘿嘿，這隻免電池手電筒可不是你想的這麼遜，原理可是來自法拉第的磁生電實驗，並且只要自己動手做就好。首先準備3顆圓形強力磁鐵（尺寸10X5mm）、衛生紙、漆包線、LED小燈泡、以及一根珍奶粗吸管，然後按照著下列的步驟，一步步組合就可以完成。搖動吸管，讓磁鐵快速通過漆包線圈，LED是不是就亮了呢！

STEP 1 在吸管中間預留3公分的漆包線纏繞區塊，先在區塊左右兩側纏繞上數圈透明膠帶增加厚度（星號處），用來固定漆包線圈。

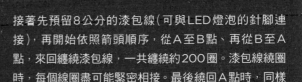

A → B

接著先預留8公分的漆包線（可與LED燈泡的針腳連接），再開始依照箭頭順序，從A至B點、再從B至A點，來回纏繞漆包線，一共纏繞約200圈。漆包線繞圈時，每個線圈盡可能緊密相接。最後繞回A點時，同樣留下8公分的漆包線再剪斷。

STEP 2 將步驟1所預留的漆包線，用美工刀刮除表面的漆（漆包線表面的漆無法導電，所以需要刮除一部分的漆），分別與LED燈泡的兩個針腳連接。最後再用透明膠帶固定LED燈泡、漆包線，避免移動。

STEP 3 將3顆圓形強力磁鐵放入吸管中，吸管兩端再塞入衛生紙，最後再用透明膠帶封住吸管兩端。

再次被誤解的法拉第

好不容易解開封印，又成功證實磁可以生電，但是不曉得法拉第是不是天生就跟電學八字不合，不料這位初戀情人公主病嚴重發作，又讓他遇到麻煩。如果你是位科學家，好不容易在研究上有所重要突破，除非自己有十足的把握，不然應該不會在研究期刊發表之前，預先公布自己的成果，這是因為要是有人偷了你的想法，捷足先登發表在其它期刊上，這樣再怎麼解釋自己是首位發現者，恐怕也沒有人會相信。而法拉第就是犯了這個嚴重失誤，雖然已經將研究結果寄給期刊編輯，但是他在文章尚未出刊前就告訴朋友，沒想到這位損友又告訴法國科學家阿拉戈（Francois Arago），於是阿拉戈就率先在一個學會會議上發表實驗結果。更糟糕的是，有兩位義大利科學家在皇家研究院的法拉第演講上，得知這項實驗結果，於是回國登出兩人的研究結果，即便他們有在文章中解釋這是來自於法拉第的實驗結果，但是法國《文藝報》卻寫了一篇錯誤報導說「最早發現電磁感應現象的是兩位義大利科學家，法拉第只是重做了他們的研究」。這讓1821年電磁轉動的惡夢再次侵擾著法拉第，大吼著「誰人比我慘」，自始自終都沒想到，科學界應該是純真、誠實的世界，怎麼會比印刷店的油墨還黑呢？彼此誣陷、打混戰的程度簡直是黑到發亮。法拉第能說什麼呢？他又只能靜靜等待著風暴過去，期待世人看清現實。

別人說別人的，我做我的，這一直是法拉第所信仰的教條，我們無法控制別人的閒言閒語，只要做好自己的本分就好，所以這段期間他還是進行許多有趣的實驗。首先法拉第開始研究靜電，原先科學家已經知道電荷可以分成正電荷與負電荷，電流產生的原因就是因為電荷移動的結果，並且他進一步推測這些電荷只會分布在導體的表面，於是打算做一個實驗來證明這個推論，他先建造一個大到足以罩住人的木籠子，籠子的每一根木條都包覆著金屬，由於這個籠子非常大，所以他搬到講堂上示範，然後就看見法拉第被籠子罩住，接著助手將籠子接上高壓電，驚人的是法拉第竟然沒有被電到茲茲叫，而是看到高壓電流都在金屬的表面流竄，不會射入籠子內的法拉第，這不但證明理論正確，也顯示出他的實驗總是精心設計、引人注目。這項實驗就和磁生電感應一樣非常實用，新聞不是常常宣導若是打雷的時候，可以躲進車子躲避，閃電就算擊中車子，裡面的人也不會受到雷殛，兩者道理是相同的，而這個特別的籠子就稱為「法拉第籠」。

接著法拉第也繼續延伸電磁學的實驗，腦中一直想知道磁力到底是什麼？這看不到的吸引力和排斥力到底是呈現何種形狀或是怎麼在空間中分布？你是否有做過這樣一個小實驗，在白紙上灑上鐵粉，然後將磁鐵靠近在白紙下方，接著白紙上的鐵

▲高壓電接觸法拉第籠，卻不會射入籠中的物體。

▼神奇的磁力線，紙面上黑色粉末是鐵粉，磁鐵位在白紙下方。

粉就好像接收到磁鐵的命令，規律排列成有趣的線條，法拉第當然也看過這樣的景象，並且他仔細研究這些鐵粉的分布，發現這些鐵粉會依循固定的軌跡排列，於是他將這些軌跡線條命名為磁力線，接著把磁力線分布的情形稱為磁場，當磁力線愈密集，就代表磁場愈強，而磁力線的方向也可以作為磁力的方向，然而法拉第因為只有小學畢業，所以他的數學程度無法將這些圖像轉換成數學方程式，所幸這時有位年輕人悄悄的跟在法拉第背後，準備接下他的棒子。

法拉第這時已經是50歲了，這些年密集的實驗與研究已經消耗他過多的精神與體力，頭痛和失憶的狀況愈來愈嚴重，似乎是在提醒他該停下腳步，等等那位「科學跟蹤狂」。

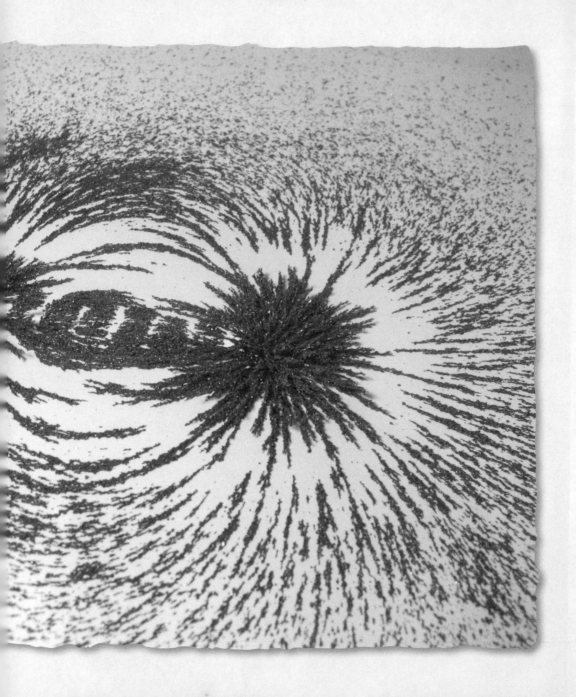

title： # 留給後人最珍貴的禮物

週五科學夜，費用全免，先搶先贏

「沒錢、沒錢、沒錢」，法拉第又為了錢而煩惱，雖然實驗室主任的薪水確實不高，但是有免費的地方住，也有賢慧的太太薩拉主持家務，怎麼還會為錢煩惱呢？該不會是在外頭有小三了吧！其實不是，原來法拉第擔心的是研究院經費又陷入困境，雖然這不是他的職務範圍，但是身為院長的戴維其實已經呈現半退休的狀態，身為研究院第二把交椅的法拉第當然把這個重責大任扛在自己身上，但是錢從哪裡來，平常都在實驗室裡打滾，也沒有結交什麼王公貴族，自己也不會打官腔、拉贊助，只好硬著頭皮拿出自己的絕招，其實也只有唯一一招——舉辦定期的公開演講，這是因為想當年師父戴維還是化學貴公子的時候，許多花痴少女連科學兩個字都不知道怎麼寫，卻還可以成為他的死忠粉絲，每場演講都爆滿，連帶讓研究院的聲望達到頂點，所以法拉第也想利用這種方式，再次吸引一般大眾、提高研究院的能見度。

原先每個星期五晚上，研究院都會舉辦一個小型討論會，目的是在一週的課程結束後，老師可以將所有的學生找來，談這週上課的心得，而且氣氛很輕鬆、備有茶點，順便也可聊聊最近在生活上發生什麼事。法拉第個人魅力雖然不足，再加上已經死會，所以就想把這種私人討論會擴大規模，轉變成定期的公開演講——週五科學夜，一個每週星期五晚上九點，地點在皇家研究院講堂的科普演講。不限身分：只要是對科學有興趣的人都可以參加，那怕你是王公貴族、平民百姓，在這裡一律平等、不必讓座、不必退縮、更不可以輕視他人；名額不限：只要你把握時間，先來先坐，晚來沒地方坐的，看是要站著、蹲著、或是直接躺在地板上都沒關係；專業不限：不要有包袱、有成見，只要懷有一顆廣闊的心胸，能夠接受新事物，尊重他人的研究，這裡沒有教條式的宣講，而是大家一起來分享最近的心得。

這種情況是不是有點熟悉呢？法拉第將年輕時鐵頓科學教室的精神貫徹到週五科學夜上，他跟鐵頓一樣獨自一人負責邀請演講者、協調場地以及記錄，不同的是這個夜晚的規模已經遠遠超出當初鐵頓的科學教室，參加的人動輒7、8百人，身分雖然各有不同，但是在這邊大家拋開彼此成見、比鄰而坐，甚至英國女王、總理大臣也時常前來聽講，我們不能誇讚週五科學夜的成效比鐵頓的科學教室還好，

因為這兩者對於教育的貢獻都是一樣的，沒有孰優孰劣的問題。不過這種規模與參與度成功引起大眾的注意，報紙記者爭相報導，除了增加知名度，記者還可以順便將這些科學新知，轉載給沒有參加的人知道，間接提高科學知識的普及度。

我們可以從演講名單上看到法拉第在安排課程上的用心，課程內容包羅萬象，不是僅限自己所研究的電學和化學，還可以看到地質學、物理學和生物學等各種學科，並且也會有老師介紹最新的科技發展，像是表格中的西門子先生，就在課堂上講解蒸汽機的改良進展。西門子聽起來好像有點熟悉，沒錯，他就是電子品牌西門子（SIEMENS）的創始人喔。等等，我沒看錯吧，當中甚至還有藝術人文類演講。由此可見法拉第邀請這些科學家的理由，不是根據自己的喜好，完全是這些人對於當時的社會具有卓越貢獻，例如法拉第本身對於道耳頓的原子論有所質疑，但是還是邀請他來演講；赫胥黎的進化論跟自己的信仰有所違背，但是希望帶給聽眾最新且最革命性的知識，所以還是邀請他來講課。有趣的是，有一次惠斯敦應邀前來演講電學時發現人太多了，嚇的他冷汗直流趕緊從後台跑走，法拉第逼不得已只好自己上去代打。不僅課堂上有邀請的學者，法拉第本人也會親自下場，他的重要發現如電磁轉動、磁生電實驗等，都是在這個場合率先發表。

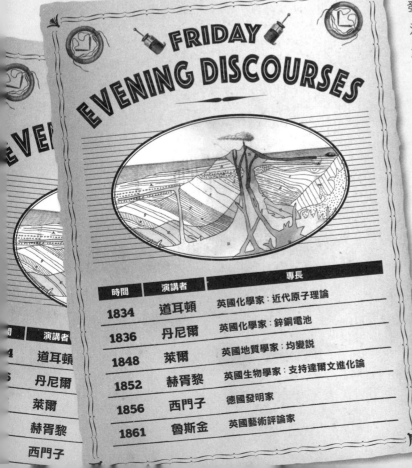

FRIDAY EVENING DISCOURSES

時間	演講者	專長
1834	道耳頓	英國化學家：近代原子理論
1836	丹尼爾	英國化學家：鋅銅電池
1848	萊爾	英國地質學家：均變說
1852	赫胥黎	英國生物學家：支持達爾文進化論
1856	西門子	德國發明家
1861	魯斯金	英國藝術評論家

◀星期五科學夜的部分演講名單。

史上最神奇的一根蠟燭

同時法拉第還準備荼毒小朋友，咳咳，是把這樣的科普教育往下扎根，有感於自己雖然只有小學畢業，但是幸運的是有雷伯先生不斷的鼓勵和幫助，才讓他有機會能夠進入科學的殿堂，所以也想讓小朋友有機會能夠吸收這些知識。可別擔心，他知道這些小屁孩可不會乖乖的待在教室上課，所以會調整題目與內容，還記得他在鐵頓科學教室裡面可是一副小老師的樣子，對上課的方式和內容可有獨到的心得。地點一樣是研究院的大講堂，時間是每年的耶誕節，名稱就叫做兒童耶誕學堂，可別小看這個「恐怖」的耶誕禮物，可以讓10多歲的小朋友，拋開禮物、火雞和耶誕老人，拉著爸爸媽媽來這裡聽上2個小時的課，就可以知道法拉第在教學上多麼用心。想想要多大的誘因，才有辦法讓你不要在跨年夜去看煙火、不約朋友吃飯唱歌，改去上一堂兩個小時的科學課。兒童耶誕學堂最有趣的部分不只是單純的講課，也有穿插實驗，其中最有名的一堂課是蠟燭的科學，法拉第利用一根蠟燭點燃發亮的過程，來說明當中所蘊含的各種科學原理：

「各位小朋友好，今天法拉第爺爺幫大家準備的耶誕節禮物是一根蠟燭，不是爺爺小氣喔，是這支神奇的蠟燭要代替我來教你們有趣的東西。大家知道點燃蠟燭會發什麼事嗎？沒錯，會出現火燄，今天要教不是這麼簡單的事，這就太小看你們了，而是注意一下，為什麼蠟燭的火焰一直燃燒，但是融化的蠟燭卻不會滴下來呢？你可以仔細看，火焰的底部接近蠟燭的地方，是不是出現一個凹槽，這個凹槽裡面好像還有一些液體，這凹槽裡面的液體就是融化的蠟燭，於是棉線就將這些蠟液源源不絕的吸上去。那麼我要再考考你們，為什麼火焰不會點燃這凹槽裡面的蠟液呢？是不是考倒你們了？那我先說一個蠟燭的祕密，那就是火燄燃燒不是蠟液，而是蠟蒸氣，也就是蠟液被吸上棉線後因為火焰的高溫氣化，變成蠟蒸氣。我來做一個小小實驗證明，大家千萬不要眨眼，我要瞬間吹熄火燄並在原本火焰的上方點火。123，吹、點火，你看是不是又出現一團火焰了！你們在吹熄的時候，是不是有聞到一股臭臭的味道，這個味道就是蠟蒸氣發出來的，而突然冒出的火焰也是我點燃蠟蒸氣的關係，這是不是很神奇呢，所以火燄燃燒的是蠟蒸氣，而不是直

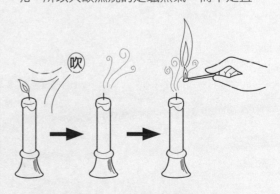

▲蠟燭熄滅後的蠟蒸氣可以重新被點燃

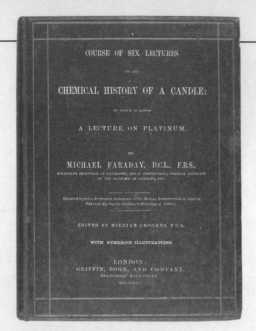

▲當時法拉第所出版的上課書籍:
一根蠟燭的化學史。

接點燃蠟液,這也就是為什麼火焰不會往
下燒到蠟液的原因。」

　　當然一堂蠟燭的課不僅只有這樣,但
是大概就只有法拉第才有本事,憑藉著強
大的觀察力、科學知識以及教學能力,將
許多知識包裹在一根蠟燭裡面,小朋友們
不但可以輕鬆的學習到各種知識,他們
回去也可以利用一根蠟燭展示給家人看,
就是這麼輕鬆、簡單的方法,讓科學可以
普及。那時因為這堂課實在太受歡迎了,
連當時英國小說家狄更斯都請他務必將講
課的內容寫成書,這樣就可以讓更多人知
道,不過法拉第實在標準太高了,他認為
若是寫成書籍,那麼可能實驗的精華就無
法完整重現,這樣就喪失這堂課的精神,
所以拒絕出書,不過後來還是抵不過大家
的期待,這堂蠟燭課經由科學雜誌編輯克

魯克斯徵得法拉第的同意後,委託速記員
做紀錄,由克魯克斯整理並附上圖片,先
刊載於雜誌,再發行成冊,而錯過法拉第
年代的我們也不用惋惜,現在這本書也可
以在臺灣買的到,大家還是可以了解法拉
第手中的蠟燭有多神奇。而這堂課有多成
功呢?成功到皇家研究院因為週五科學
夜,重新擦亮在科學界的招牌,因為大家
知道如果想要知道最新的科學成果,星期
五一定得來這裡,並且加上兒童耶誕學堂
的轟動,使得研究院重新回到英國人的目
光,吸引許多會員與贊助,甚至贊助經費
多到可以讓皇家研究院建築物重新整修拉
皮、加上雄偉的歌德式圓柱,讓這棟建築
物更為雄偉壯觀。更令人驚訝的是耶誕學
堂現在還有喔,不過當然不是法拉第來講
課啦,又不是民間習俗觀落陰,皇家研究
院沿襲法拉第的精神,每年耶誕夜都會邀
請傑出的學者舉辦演講,甚至研究院的網
站也有錄製影片可供觀賞,雖然無法到現
場感受一下歡樂的氣氛,但是看著影片也
是可以體會到當初法拉第上課的風采。

▲兒童耶誕夜的盛況(講台上的講者就是法拉第,
可以看到坐位上有許多小朋友)。

title： # 失憶是一種新的開始

頑固的科學歐吉桑

「偉大的科學家，英國科學界的驕傲、化學實驗大師、好好先生、神經病」。等一等，好像有個奇怪的名詞混在裡面，以上確實都是形容法拉第的綽號，所以不要懷疑「神經病」當然也是他的綽號之一，不過神經病不是指他晚年變成瘋狂科學家，想要毀滅世界，而是他腦袋怪怪的，不喜歡身上有錢，老是把別人送上門的錢，原封不動的推回去。法拉第從1813年擔任皇家研究院實驗室助理開始，期間無論完成了多少委託案，協助政府執行各種改善計畫，或是在電磁學和化學等研究上展現出卓越的貢獻，他都從不向研究院計較薪水和職位，持續堅守研究院的崗位，後來獲選為會員，舉辦週五科學夜和兒童耶誕學堂，最後直到他退休，最終的職位還只是位實驗所的所長，正因為如此，身上也沒有多餘的財產，住的地方也只是在研究院的閣樓上，那是不是法拉第喜歡亂花錢，錢都花在研究設備上呢？其實也不是，最根本的原因在於他完全不在乎錢。法拉第曾經有 段時間收入頗豐，甚至一年的收入可以跟當時醫生的薪水差不多，跟著戴維從歐洲訪問回到英國後，在研究院期間接了不少委託案，身上也多了不少錢，不

過後來投入電磁學實驗，他老兄竟然完全推掉外界的委託案和政府計畫，認為這些雜七雜八的案件會干擾他的實驗，所以又回到身無分文的情況，他的好友菲利浦忍不住寫信跟他說：「你這傢伙到底要不要養家活口，案主給的錢竟然還不用，這又不是黑心錢，你不知道薩拉月底都沒有錢買菜嗎？然後你的實驗助理安德森說你都去外面撿舊貨來用，磁鐵和電池是可以拿來配飯吃嗎？」

法拉第不僅對錢沒興趣，對職位也是興趣缺缺，身為一位大學者，自然成為外界學術機構想要挖角的對象，當時剛創立沒多久的倫敦大學在1827年想要請法拉第擔任化學系系主任，他搖頭沒有答應，之後1829年陸軍軍官學校也是請他擔任化學教授，但也是不去，不過後來勉強同意擔任客座教授，一年只要去上課25次，沒想到還有學校不死心，1844年愛丁堡大學邀請法拉第擔任化學系系主任，他們看到前面的砲灰，當然已經了解法拉第的個性，所以不用高薪和職位當做誘因，而是改以優美的研究環境做為釣餌，研究室不但可以遠眺美景，更有足夠的空間可供使用，畢竟他那時身體狀況也不是很好，但還是頑固的不為所動，堅持留在研究院。法拉第真是奇怪，他不是很喜歡教學嗎？幹嘛不

去，而且研究院給的薪水又不高、瑣事又多、不時還被別人凹、欺負，也沒有人可以使喚，難道研究院的閣樓是五星級總統套房，所以才不願意離開。其實不是的，雖然法拉第很喜歡教學，但是卻不喜歡行政工作，厭惡一切政府長官交際，認為這會讓科學研究變得複雜，所以他也推辭擔任皇家研究院院長，並且另外一個原因大概是與法拉第本身的宗教信仰有關。

堅定信仰成就卓越科學

　　法拉第本身的宗教信仰來自於家庭，他的父母親非常虔誠的信仰聖經，所以法拉第從小就耳濡目染，沉浸在這種氛圍之中，而這種堅定態度就落實到做人處事的風格，並且奉獻的精神就在他的研究中實踐，這也可以想見為什麼一個長達5年的官方玻璃研究計畫，他就算成效渺茫卻還不願放棄，同時可體會他不會因為其他機

▼英國漢普敦宮，在18世紀之前都是英國王室的住所。而王室為了感謝法拉第在科學上的貢獻，特地將此處免費做為法拉第晚年的住所。

構與學校提出高薪與優渥的研究環境，就斷然跳槽，自始自終都留在研究院裡，並且不受外界委託案的金錢誘惑，專心在自己所深愛的電磁學研究上。也由於互助奉獻的精神，法拉第時常救濟窮人，利用額外的時間為他們朗誦聖經與傳教。

不過人還是有所極限，中年之後的法拉第深受頭痛和失憶症所苦，常常實驗做到一半，就忘記做過什麼事，於是聽從醫生的建議暫時休息，於是他與薩拉到瑞士度假，雖然情況有好轉的跡象，但是年紀愈大，失憶的情況顯得愈糟，他還在給好友的信中，逞強的自嘲說著：「記憶力變的好差，快樂的事都記不得了，不過還好連討厭的事也忘的差不多。」雖然法拉第還是一副拒絕好意的怪脾氣，但是英國舉國上下可不容許這位大科學家胡搞自己的身體，他退休後接受維多利亞女王王夫艾伯特親王的安排，搬入漢普敦宮就近接受皇室的照顧，當初法拉第還不知好歹的拒絕，因為他付不起租金，但是親王說：「請不要誤會，這當然是免費的。」可是法拉第說我也沒錢裝修，親王又解釋：「免租金還送你裝潢，這樣總可以吧。」沒想到法拉第不凹則已，一凹驚人，終於可以和薩拉在舒適優美的環境裡，好好過著退休生活。

閒不下來的法拉第就算暫時不碰研究，還是關心周遭的環境，英國經過工業革命後，人口大幅往城市集中，但是硬體建設卻來不及擴增，以致於造成許多汙染現象，譬如英國倫敦泰晤士河汙染嚴重、時

▲1855年英國報紙的諷刺漫畫：法拉第將名片遞給泰晤士河的河神。報紙利用漫畫呼籲政府通過法拉第對於汙染整治的訴求。

常發出惡臭。那要怎麼表示水汙染很嚴重呢？法拉第想了一個簡單易懂的方法，就是將鐵棍的一端黏上自己的名片，之後將鐵棍插入河中，測量要插多深才無法看到他的名片，以這種簡單易懂的方式，成功引起大眾對河川汙染的關心，大舉呼籲建設汙水處理場和淨水設備，集中處理工廠以及家庭排放的汙水。另外他也關心海邊的燈塔，在還沒有電燈的發明以前，燈塔的光源來自於油燈，他發現油燈點燃後產

生的水蒸氣會阻礙光線,所以增設排氣孔道排出多餘的水蒸氣,再來調整燈罩的方向以及鏡片的配置,以得到最佳的照射角度與聚光,大幅改善燈塔的照明效率。

科學界的神人也終於要下凡變成平民,1861年從研究院退休後,接連在1862年、1865年告別週五科學夜和兒童耶誕學堂,現在他的失憶程度非常嚴重,精神狀態也不太好,終日只能坐在家裡發呆遠望景物,或許他會在睡夢中想起:「以前在實驗室時,可愛的小姪女總會叮叮咚咚的瞞著薩拉跑來找我玩,我把她抱到椅子坐好,看著我做實驗,有時候會拿一小塊鈉丟入水中,鈉在水中劇烈的翻滾,逗著她咯咯笑。等我實驗告一段落,就牽著她的手上樓陪她玩彈珠。對,就是彈珠!不曉得薩拉有沒有把我的彈珠送給她,一定要提醒薩拉,不然她會生悶氣。」1867年8月25日,法拉第安靜的坐在椅子上去世,他的離開就如同他的一生,安靜和堅強,家人遵從他的遺願,並沒有追隨科學家前輩一同葬在西敏寺,而是在家人和幾位至親友人陪同下,埋葬於海格特公墓,基碑上僅刻著姓名與生卒年,如同自己所堅守的信念,他的一切都取之於社會,死後亦不願意帶走這些成就。

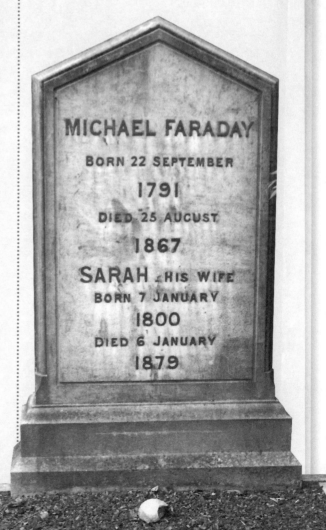

▶法拉第與太太薩拉位於海格特公墓的墓碑,上面只有簡單的刻著生卒年。

向電走，向磁走

向電走 >>

西元前 2 7 5 0 年

古埃及人

古埃及人發現有一種魚會
發電，把牠尊為尼羅河的
雷使者，負責保護河中所
有的魚類。

據說泰勒斯最先發現有一種
石頭可以互相吸引，還可以
吸住鐵，稱作磁石。而磁的
英文「magnetism」傳說來
自於最早住發現磁石的希臘
麥格尼西亞（Magnesia）。

西元前 6 世紀

希臘哲學家
泰勒斯

泰勒斯發現琥珀在
摩擦後可以吸起一
些細小的東西，譬
如說絨毛。但是他
又認為這種吸力和
磁石所產生的吸力
可能不一樣。

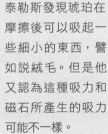

西元 18 世紀

荷蘭科學家
馬森布洛克

馬森布洛克發明了萊頓瓶，可
以儲存摩擦生電後所產生的
電，是人類第一個儲電裝置，
但是只能放電一次。

向磁走 >>

西元 11 世紀

北宋科學家
沈括

華人之光

西元 17 世紀

英國醫生
吉爾伯特

沈括在著作《夢溪筆談》裡清
楚描述指南針的製作與使用
方法。

吉爾伯特是首位對電磁進行有系統研究
的人，發表了著作《論磁石》，認為地
球是一塊巨大的磁石，因此指南針的磁
北極會指向北方。並且採用琥珀的希臘
文字 elektron 為字根，創造出新的詞
彙 electricity，也就是今日所稱的電，
稱為電學之父。

向電走 >>

西元18世紀

**法國物理學家
庫倫**

庫倫證實了同性電荷間的斥力與它
們之間的距離具有平方反比關係,並
把電荷間作用力的關係稱為「庫倫定
律」。

西元18世紀

**美國科學家
富蘭克林**

富蘭克林用風箏做實驗,
證明了天上的電與摩擦出
來的電是一樣的,隨後他
發明了避雷針。

西元18世紀

**義大利生理學家
伽伐尼**

西元19世紀

**義大利物理學家
伏打**

伽伐尼發現用外科手術
刀觸及蛙腳上外露的神
經時,蛙腳就劇烈的抽
搐,認為動物本身可以
產生電流,稱為「動物
電」。

伏打認為動物電的理論有錯,
電其實來自於接觸動物的金屬
本身,所以利用銀片、鋅片和
沾了食鹽水的濕布,製成了能
持續產生電流的電源,這就是
最早的電池,稱作伏打電池。

向磁走 >>

西元19世紀
法國科學家
安培

安培將兩條擺放得很近的導線通電，當通入的電流方向相同時，這兩條導線會互相吸引；然而通入的電流方向相反時，兩條導線則互相排斥。並提出安培右手定則說明磁力方向與電流方向兩者的關係。

我，法拉第，見證電滋滋小姐和磁吸吸先生一同通過數世紀以來的考驗，正式宣布你們成為夫妻。

西元19世紀
英國科學家
法拉第

法拉第發現在螺旋型線圈內快速通入磁鐵時，線圈會因為磁力而產生電流，進而提出磁力可以產生電力的結論。

西元19世紀
丹麥科學家
奧斯特

奧斯特將指南針靠近通電導線的附近，發現磁針會出現擺動，這是顯示電力可以產生磁力的劃時代實驗。

科學家大PK

戴維 與法拉第兩人可說是亦敵亦友，戴維對於法拉第來說，可說是在世父母，不但帶領他進入科學界，也在研究期間一直提供協助，雖然兩人曾因為電磁研究發生齟齬，戴維也因此在法拉第的研究路上設下重重阻礙，不過法拉第雖然心裡不高興，但是他還是能體會戴維的心情，盡量不與他發生衝突，所幸兩人之後誤會冰釋，重新為這段師徒關係畫下完美的句點，就看看戴維口中最大的發現，是否能夠青出於藍，更勝於藍。

法拉第 出生環境

一閃一閃亮晶晶，滿天都是小星星~

小時候非常窮困，父親必須日夜不斷的打鐵才能勉強維持家計，但是父母親認為貧窮不是詛咒，而是一種祝福，所以家庭氣氛非常和樂，經常充斥著歌聲。

戴維 出生環境

藍天是一種夏鬱，請讓我用白票掩蓋。

是位多愁善感的小孩子，腦袋非常聰明，特別喜歡文學，常常寫詩和背誦詩集。

法拉第 學習＆工作

1804

家裡沒有錢可以讓法拉第繼續求學，所以小學畢業後就只能去雷伯先生的印刷店裡打雜。

戴維 學習＆工作

1794

由於父親去世，為了貼補家計，就進入藥房當醫生的助手，學習配藥的方法，並且開始對化學產生興趣。

白天忙著印刷店的送報、裝訂工作，晚上就躲在店裡讀書，對於大英百科的電學內容特別有興趣，並且開始嘗試購買器材做實驗。

時常待在房間裡偷偷做化學實驗，利用化學常識捉弄兄弟姊妹。

> 今天的我沒有極限，歐拉歐拉歐拉歐拉～

1810

看到路上廣告單寫著鐵頓的科學教室招生，非常高興終於有學習的機會，除了在課堂上勤做筆記，也和許多好友成立讀書會，互相討論。

> 你手都插滿玻璃流血了，你還笑得出來。

1789

進入布里斯托的氣體研究所擔任管理員，他開始研究一氧化氮對於人體的影響，並且發現吸入這種氣體後，對於人體有輕微麻醉的效果。

1812

> 大家快看啊，神仙下凡。

印刷店裡的客人當斯先生，覺得法拉第很有前途，於是送給他四張戴維演講的門票，他聽了之後深受戴維的啟發，立志要進入科學研究，將演講後的筆記集結成冊，寄給戴維希望能進入皇家研究院工作。

> 寶貝們，今天的表現還好嗎？

1789

皇家研究院聘請戴維擔任化學演講助教和實驗室管理員，不到三年就成為皇家研究院會員，並且在演講上展現高超的實驗技術，以及帶有詩人的氣質，迷倒無數貴族少女，讓研究院的聲望極具竄升。

法拉第
師徒關係

怎麼辦，好興奮啊，要是見到安培怎麼辦？

擔任戴維實驗室的管理員，負責替戴維以及其他教授準備實驗材料與上課內容，工作半年後就跟著戴維前往歐洲旅行。

好過癮、好刺激啊，比實驗室的伏打電池還強。

在周遊歐洲各國時遇到不少科學趣事，像是在奧地利發現有一種生物叫電鰻，想要研究牠所放出的電是不是跟電池所產生的電一樣。

走這麼慢，是不是不高興啊？

旅行途中見到許多科學家，提高了自己的知名度，但是也有一些科學家歧視和嘲笑自己的學歷，並且戴維太太把法拉第當作佣人使喚，連戴維也不同情他。

戴維
師徒關係

戴維此時已是英國最為知名的化學家，並且與一位有錢的寡婦結婚。因為法國國王拿破崙為了表彰他在化學上的貢獻，而特別邀請他來法國，因此帶著太太和法拉第踏上歐洲。

你不要動！

戴維在此行除了遇到不少科學家，還接受安培的請求，協助分析一種化學物質，沒想到這塊紫黑色的物體是一種化學元素，稱做碘，這新元素的發現成為歐洲之旅最大的收穫。

怎麼會呢，戴維夫人，我好高興啊，哈哈哈哈……

戴維對於這次的歐洲之旅非常滿足，不但可以與各國科學家交流，也因為有法拉第的協助，在旅途中還可以邊欣賞風景、邊做實驗，不過因為歐洲戰事爆發，所以只好提前返國。

自歐洲回來後，被研究院升任為實驗室主任，這是開始幫研究院處理各種委託案，包含石灰石的研究，礦工燈的改良以及鋼鐵材質的分析。

實驗好美喔～～

受到戴維和歐勒斯頓的實驗啟發，發表電磁轉動的研究，並且正式脫離戴維的掌控，成為皇家研究院會員，終於可以獨當一面。

法拉第
成就＆影響

法拉第深受鐵頓科學教室的精神啟發，希望讓科學知識能夠深耕大眾，所以在1825年、1826年各成立週五科學夜與兒童耶誕學堂，希望能將最新、最正確的知識傳遞給所有人。

各位小朋友跟我一起喊，magic！

看我的超神手速，咻咻咻咻咻咻咻咻咻。

法拉第在1831年終於研究出磁力產生電流的方法，從此可以取代伏打電池，成為穩定提供電流的來源。

就讓我來照亮你們回家的路吧。

回到研究院後，因為當時礦工採礦環境惡劣，手持的油燈時常引發火災，所以開始著手改良，研發出礦工燈，拯救無數生命，被封為爵士，之後被選為皇家研究院院長。

戴維成為院長後，沉迷於五光十射的上流社會，對於研究興趣缺缺，然而法拉第的成就與獨立讓他感到非常忌妒怨恨。

插你個死人手，看你還有沒有辦法做實驗。

戴維
成就＆影響

戴維利用熔鹽電解法一口氣發現鈉、鉀，鎂、鈣、鍶、鋇等6種元素，並且也協助其他科學家找出氯和碘兩種元素，被後人稱為無機化學之父。

我還可以再丟兩顆。

我最偉大的發現就是隔壁那位仁兄。

戴維晚年終於醒悟，不再與法拉第爭執，並且認同他的努力，認為自己最偉大的發現就是法拉第。

法拉第研究SOP

大腦 ver. 1867/08/25
解密等級：請任意、隨意、盡情分享

HELLO! MY NAME IS MICHAEL FARADAY
哈囉！我是法拉第

請輸入

C:\>哈囉！你真的是法拉第嗎？

>輸入文字無效…

C:\>我想要一份3000字你的研究方法與心得，因為我明天上課要報告

>請不要戲弄電腦，你叫仁傑是吧，我會通知你的老師…

C:\>別這樣啦，那你教我怎麼上課做筆記好了，我是有抄筆記啦，不過有看沒有懂

>怪我囉…咳咳..請參考檔案1810年鐵頓科學教室日誌…

C:\>1810 年鐵頓科學教室日誌 >

終於有學費可以去補習班上課，不知道大哥又要接多少工作，才有辦法給我這些錢，唉～自己真是沒用，不過既然有錢可以上課，就不能辜負大哥的期望。現在手上的錢只能上進度班的課，不能再麻煩大哥給我錢讓我去總復習衝刺班，今天我手上的錢沒有極限！每個星期三晚上上課，所以吃飽才去，要記得帶水去喝，不要浪費錢買飲料，所有的課程一定都要聽，不可以翹課，要將老師上課所有的話都寫下來，這樣我就不用上總復習班了，而且還好雷伯先生有給我一本書，叫做《悟性的提升》，這本書有教讀書的方法，我來整理一下：

1. 作正確的筆記：準備一本筆記本，記下上課內容、想法、資料和學習心得，這些文字要經過整理、消化，成為腦中的知識。

這個簡單，寫東西我最拿手的，我看看要怎麼做，筆記本也買不起，有了，印刷店不要的廢紙最多，我可以先準備幾張背面還有空白的紙，然後對折，這樣左半邊就可以把老師上課的內容全部抄下來，好，一定要專心，一字不漏的抄下來；右半邊就可以隨時寫下自己的想法和問題。有問題也不要緊張，如果老師有空就可以馬上問他問題，問問題也不加錢，要好好運用，如果老師不理我也沒關係，店裡還有很多書可以讓我查資料，我也可以回去再慢慢查。上完課要趕快回家，不要再跟同學跑去別的地方玩，趁腦中記憶還很新的時候，趕快把左半邊的筆記重新整理一遍，不然到時候想看都看不懂，然後趕快查資料把右邊的問題解答，回憶一下上課有沒有什麼想法，最後一起整理成今天的上課紀錄，真是太棒了，這樣我以後複習就簡單多了。

2. 持續不斷的學習：要有一顆謙虛受教的心，不要有所成見，要不斷吸收知識，千萬不要自己學歷低就畏縮，同樣的不要有所成就時就看低他人。

他說的沒錯，我雖然只有小學畢業，沒什麼文青氣息，也喝不起很潮的咖啡，但是只要有心，人人都可以是文青。上課要認真聽講，有疑問就立刻舉手問，不要怕丟臉，這樣我就可以增進自己的知識，改變自己，有同學有問題也要幫助他，不要跟

他裝傻，就是有人說自己都沒讀書，結果都考100分，有夠討厭。

3.要有讀書的同伴：自己讀書難免產生盲點、懶惰，書本的知識也可能出現偏頗、錯誤，有讀書的夥伴可以透過互相激勵和討論。

4.成立讀書會：讀書會不僅作為討論知識的場所，也是藉此發表自己的學習心得，並且接受同伴的檢視。彼此互相評論，時時刻刻修正，學習才能更為扎實。

　　這個太好了，意思就是自己開補習班對吧，剛好我在這裡有交到幾位很好的朋友，像是艾伯特、菲利浦和伯納爾。艾伯特的文筆很好，我可以跟他學寫文章，菲利浦的化學很好，也可以跟他討論，伯納爾的妹妹聽說很正，呵呵（流口水）。這樣我就可以成立一個讀書會，大家可以互相分享筆記和上課心得，那麼這個讀書會就叫作文藝俱樂部好了。

5.仔細的觀察與精確的用字

在進行研究時，要檢查自己所觀察到的現象是不是僅限於某種特定情況，凡是所作的結論必須要禁得起他人檢驗。而文章的用字也必須精確，不可含糊，有時逼不得已必須要新創名詞才可以正確表達時，也要小心嚴謹，不要為了追趕流行而任意創造。

　　這個我不太懂，我抄筆記都來不及了，是要怎麼仔細的觀察和精確的用字啊？沒關係，之後或許有機會可以用到，先整理下來。

END...

C:\> 法拉第老師，你好糟糕喔，原來上課都在想色色的事喔

>..關機中，請稍待

C:\> 等等，開玩笑啦。我還想問說老師您之後進入研究院研究的時候，一天大多在幹嘛？

>請注意，我笑點比天還高，請不要任意開玩笑，請參考檔案1830年研究SOP日誌⋯⋯

C:\>1830年研究SOP日誌>

06：00 起床吃早餐
07：00 看書和研究期刊
08：00 做實驗（或上課）
12：00 休息吃飯
13：00 做實驗（或上課）
18：30 休息吃飯
19：30 做實驗（或上課）
22：00 睡覺

更新SOP⋯不要讓⋯太⋯太⋯不⋯高⋯興⋯

19：30 跟小姪女玩彈珠
22：00 睡覺

END...

C:\>科學家果然很無聊，不是在做實驗就是在上課。不過還是不知道你的研究方法，我還想知道多點關於你的事？不然這樣我寫出不3000字啊！

>好啦，念在你一片熱誠。請參考檔案1831年磁生電實驗日誌⋯

C:\>1831年磁生電實驗日誌1>

現在是早上8點整，今天可有個重要的實驗要做，不愧是安德森，所有東西都準備好好的，鍋爐的溫度調整好了，蒸餾水的水位也足夠，幹得不錯，安德森。做實驗就是要少說多做，一直碎碎念、怨天尤人、瞎鬧聊天，不僅口水會汙染實驗用品，注意力不集中也會造成實驗危險和無法用心在實驗上。

安德森，我們再巡一巡實驗室的儀器是否正常，通風是否良好。儀器可說是實驗室的基礎，若是誤用功能異常的儀器做實驗，不僅會做出錯誤的實驗結果，也會浪費時間。實驗通風也很重要，這裡擺放很多化學藥品，要是吸入過多的藥品，可會對身體造成傷害，我的頭痛和失憶愈來愈嚴重，是不是吸太多了，戴維老師的身體不好，好像也是因為汞吸太多。

好了，萬事OK，安德森麻煩幫我把電流計和伏打電池拿過來，然後我要把感應線圈接上這兩個裝置，這個實驗已經做很久了，只不過一直沒有做出結果，不過我的裝置和儀器都檢查過沒有問題，應該是有哪個地方沒注意到，我翻一下昨天的筆記，唯一只出現電流計指針跳動一下，那我再試一下，也是跳一下，電流計功能應該是沒問題，所以我碰一下，指針就跳一下，碰很多次呢？哇，一直動，這不就是有電流產生了嗎？原來是這樣啊，呵呵，果然就是要相信自己和儀器，還有完善的記錄。

END⋯

C:\>1840年磁生電實驗日誌2>

今天財政部長遇到我問說:「你發明那個裝置到底有沒有用啊?」我那時候隨口回答他應該有吧,其實我也不很在意,因為這個裝置只是用來證明磁力可以產生電流的小東西,對我來說這些器材與經費都是取之於社會,我只是花了自己的時間將它挖掘出來,然後所得出的結果就是我最大的報酬,不過可以大量產生電的裝置在未來應該會很有用。

END...

C:\> 喔,我知道了,所以老師您的研究方法就是每次做實驗時,要確認所使用的儀器和藥品沒有問題,實驗操作時要少說多做,專心不可恍神聊天,每次實驗時的紀錄要確實詳盡,以免疏忽。同時也要注意實驗室的環境,通風和安全都是不可忽視的重點,有健康的身體才有研究的可能性。研究的目的在於挖掘真相,而不是跟某人的利益有關,這樣才不會失去科學中立的精神。謝謝老師,可是這樣還是沒有3000字啊,我報告怎麼辦?

>我是電腦,不是人腦……系統預計維護24小時,關機中…

END...

法拉第及其同時代的人

法拉第　雖然只有小學畢業，但是憑藉著努力自學和勤做實驗，成功讓自己跨進科學界的大門。他個性主動、好學，也樂於與其他科學家分享研究成果，因此結識了許多研究路上的好朋友，並且我們可以從這些好朋友的研究中，了解到法拉第為何投入電與磁的研究，以及當時的科學背景。

伏打
Alessandro Volta
1745年2月18日－1827年3月5日

　　伏打對於後人最大的貢獻來自於伏打電池，這是歷史上第一個可以穩定供應電流的裝置，從此科學家有了可以提供電流的簡便裝置，使得後來的電學實驗變得普及。伏打出生於義大利的科莫，小時候並沒有傑出的表現，甚至直到4歲才開口說話，讓家人一度非常擔心，不過進入學校後，他的學業成績很快就超越其他同學，甚至在29歲就擔任大學教授。在1786年，義大利科學家伽伐尼在解剖青蛙腿時，發現青蛙腿有抽動的現象，接著他將不同的金屬接觸蛙腿時，結果也會發生抽動，因此認為生物具有發電的特性，然而伏打卻持相反意見，認為讓蛙腿抽動的電，是來自於接觸蛙腿不同金屬的電位差，蛙腿只是充作電解質或是導體，所以他發明一種裝置，在銀和鋅的圓板中間夾住浸潤食鹽水的溼布，並且依照銀布鋅銀布鋅的次序堆積成圓柱，接著再利用導線連接最頂端的銀板和最底層的鋅板，發現這種裝置可以產生穩定的電流，可以想像伽伐尼所用的兩種金屬就是銀和鋅，青蛙腿就是食鹽水溼布，所以證明蛙腿的電來自於金屬，而這種裝置就稱為伏打電池，後人為了紀念伏打的發現，就將電壓的單位命名為伏特（Volt，V）。

安培
André-Marie Ampère
1775年1月20日 — 1836年6月10日

　　出生於法國里昂，家境非常的富裕，父親極為重視他的教育，在他還小的時候就打造一座專屬的圖書館。安培也不負父親的期待，從小就展現出數學的天分，12歲就開始學微積分，據他本人所說，自己在18歲時就已經學完所有的數學知識，爾後他也將這些數學知識在電學的研究上發揮到淋漓盡致。他在1820年因為奧斯特發現通電電流可以使磁針發生偏轉的現象，而投入電生磁的研究，並且發現將兩條擺放得很近的導線通電，當通入的電流方向相同時，這兩條導線會互相吸引；然而通入的電流方向相反時，兩條導線則互相排斥，這些結果證明電力可以跟磁鐵的磁力一樣，具有相吸和相斥的性質，最後再以數學方程式來描述通電導線的電流與磁場強度，我們在國中所熟知的安培右手定則當然也是他所發明的，利用簡單的手部動作，大拇指朝上，其他四指輕握，那麼若是大拇指所指的方向是電流的方向，其他四指的方向則為磁場的方向，反之亦然，如此就可以簡單的判斷出電流與磁場的關係。後人為了紀念安培的發現，就將電流的單位命名為安培（Ampere，A）。

漢斯‧奧斯特
Hans Christian Oersted
1777年8月14日 — 1851年3月9日

　　奧斯特出生於丹麥，父親是一位藥劑師，擁有一間藥局。由於家裡附近沒有正式的學校，所以只能跟著教育水準較高的長輩學習，他也經常在父親的藥局幫忙，學會基本的化學知識，接著進入哥本哈根大學就讀，最後也成為該所大學的教授。奧斯特對於教書非常有天分，所以上課常常吸引許多學生，並且他每一個月都會上一堂特別的課，專門講述最新的科學研究發現。有一次在課後的實驗示

範時，他想要知道通電導線的電流，是否會使指南針出現偏轉？然後當他提高電流時，指南針突然偏離原先所指的方向，就此發現電流可以產生磁力，進而引起像是安培、法拉第等科學家的一連串電磁學實驗。除了電可以生磁的研究貢獻，奧斯特也是鋁元素的發現者，當時英國科學家戴維已經製造出鋁鐵合金，於是他使用還原法從中將鋁元素分離出。奧斯特非常注重教育，他在原本任教的哥本哈根大學中，建立一套完整的物理學和化學課程，並且興建相關的實驗室，此外，他在晚年時為了提升丹麥的科技水準，成立丹麥技術大學，並且親自擔任校長。他也喜歡寫作，是當時頗出名的作家與詩人。

漢弗里·戴維
Humphry Davy
1778年12月17日－1829年5月29日

　　人稱為無機化學之父，主要是因為他開發出一種熔鹽電解的實驗方法，嘗試電解各種鹽類，例如：氫氧化鈉、氫氧化鉀等物質。一共從中發現6種元素：鈉、鉀，鎂、鈣、鍶、鋇。就現在科學的角度而言，這是非常驚人的發現，因為只要發現一個新的化學元素，就可以名留科學史，戴維一共發現6種，並且還協助其他科學家發現氯和碘等元素，這樣的成就讓我們瞠目結舌。戴維對於化學的起源來自於小時候擔任藥房醫師的助手，當時為了貼補家計，擔任醫生的助手調配各種藥品，所以也常在房間裡利用各種化學裝置和藥品進行實驗。後來進入一間氣體研究所後，開始研究一氧化二氮，當時科學家對於一氧化二氮在人體的影響上了解不多，戴維以自己的身體當作實驗對象，吸入一氧化二氮，發現精神變得渙散、愛笑、感覺麻木，進而發現一氧化二氮具有麻醉的效果，不過直到他去世後幾十年，才成為醫生用來麻醉病患的方法。由於戴維在化學上的學識和技術，在進入皇家研究院後，很快就升任教授，並且也成為院長，這期間對科學最大的貢獻是發掘法拉第，雖然兩人在電磁研究上有所衝突、不合，甚至

阻礙法拉第在電磁學上的研究，不過還是必須感謝他對於法拉第的提拔以及眾多協助，讓法拉第可以成長為一位獨當一面的科學家。

詹姆斯·馬克士威
James Clerk Maxwell
1831年6月13日－1879年11月5日

　　馬克士威是英國理論物理學和數學家，天資聰穎，可惜英年早逝，最偉大的成就在於將電、磁、光等三者統一成電磁場中的現象，並且發展出一組方程式以數學描述。馬克士威出生於英國愛丁堡，家裡非常重視孩童的教育，除了就讀學校外，家人也會額外教導他一些知識，14歲時就撰寫出一篇科學論文，16歲進入愛丁堡大學就讀，之後又轉到劍橋大學取得數學學位，甚至在25歲時就成為大學教授，此時他大多的研究都著重在數學上，直到1850年後，他因為讀了法拉第在電學上的著作，而開始把注意力轉向電學，並且與法拉第互相交流。之後發表出一篇關鍵的論文《論物理力線》，以「力線」來描述重力、電力與磁力，並且利用微積分來計算這些力場的強度，隨後也衍生出電磁場的數學方程式，也就是我們所熟知的馬克士威方程式，並且也預測光是電磁波的一種。除了電磁學上的研究，他在光學、熱力學以及氣體分子運動上也有所成果，不過他在48歲時就因為癌症而去世，在這短短48年間，帶給物理界非常大的震撼，許多科學家認為他的成就足以媲美牛頓，愛因斯坦認為他是在牛頓之後，再次對物理學做出一次革命性的統合。

法拉第生平年表

年	年齡	事蹟
1791	0	出生於英國
1804	13	小學畢業後，進入雷伯印刷店工作
1810	19	進入鐵頓的科學教室
1813	22	為皇家研究院的實驗室助理，之後與戴維前往歐洲旅行
1815	24	升任為皇家研究院實驗室管理員
1816	25	發表第一篇研究報告《自然侵蝕石灰石的分析》
1821	30	與薩拉小姐結婚，升任皇家研究院的實驗室主任，發表電磁轉動的實驗成果。
1823	32	成功將氯氣液化，發展出將氣體液化的方法
1824	33	成為皇家研究院會員
1825	34	開始週五科學夜
1826	35	開始兒童耶誕夜
1831	40	發現電磁感應，製作出磁力可以產生電力的實驗裝置
1840	49	提出磁力線、磁場的概念
1841	50	罹患失憶症到瑞士休息一年
1850	59	罹患嚴重的頭痛和失憶症
1861	70	自皇家研究院退休
1862	71	辭去週五科學夜主持人
1865	74	辭去兒童耶誕學堂主持人，研究水汙染與改善燈塔的照明裝置
1867	76	逝世，葬於海格特公墓

相關著作

• **1827 年**：《Chemical Manipulation: Being Instructions to Students in Chemistry》。
法拉第根據自己豐富的實驗經驗而撰寫的一本學生化學實驗手冊。

• **1828 年**：《化學操作》
（Chemical Manipulation）。

• **1839 年**：《電的實驗研究》
（Experimental Researches in Electricity），共三冊。

• **1859 年**：《化學與物理的實驗研究》
（Experimental Researches in Chemistry and Physics）

• **1861 年**：《蠟燭的化學史》
（A Course of Six Lectures on the Chemical History of a Candle）。

• **1873 年**：《On the Various Forces in Nature》。

• **1896 年**：《液體的氣化》
（The Liquefaction of Gases）。

• **1932 年**：《Diary》，雖然英文意思為日記，實際上是法拉第在 1820 ～ 1862 年期間的實驗紀錄

• **1991 年**：《Curiosity Perfectly Satisfyed: Faraday's Travels in Europe》，此書為後人集結法拉第在 1813 ～ 1815 年時，跟隨戴維在歐洲旅行時所寫的日記與書信，並且出版成冊。

• **1991 年**：《The Correspondence of Michael Faraday》，法拉第現存的所有書信內容集結。

參考書目

1. 張文亮《電學之父—法拉第的故事》文經社. 1999. ISBN 9576632463

2. 倪簡白《從法拉第的演講看蠟燭科學》科學發展. 2003.10，370 期：70-75

3. 涂世雄、王雄正、蔡曜州〈電磁學的故事〉科學發展. 2004.6，378 期：62-67

4. 法拉第《法拉第的蠟燭科學》台灣商務. 2012. ISBN 9789570527490

5. 黃郁珊〈法拉第的科學成就與貢獻〉科學研習. 2014.10，No. 53-10：2-7

6. 林雅凡〈與夢想靠近—法拉第的早年生活〉科學研習. 2014.10，No. 53-10：8-13

7. 陳藹然、黃郁珊〈從兩個講座看法拉第與科普教育〉科學研習. 2014.10，No. 53-10：14-17

8. 竹內敬人，《法拉第不為人知的一面》http://case.ntu.edu.tw/blog/?p=16407，2015 年 12 月 22 日更新

9. 國立台中教育大學 科學教育與應用學系 科學遊戲實驗室，《單極馬達》http://scigame.ntcu.edu.tw/electric/electric-019.html，2015 年 12 月 22 日更新

我們的主角法拉第，最知名的成果就是電力與磁力間的轉換。

以現在比較直接的講法，就是用電池讓馬達轉動，還有手搖發電機吧。

不過其實法拉第在成為戴維的助理之後，還完成過許多研究成果。

甚至包括武器製造與食品衛生檢定喔。

呼呼呼，肉還沒有壞。

有傳聞指出，法拉第在五十歲時記憶力開始哀退，不過他還是持續主持聖誕演講二十多年。

最近記憶有些很步，不過我還可以做一百個小實驗。

或許這種記憶力強的人，也有比較多東西可以讓他慢慢忘記吧？

他真的有記憶哀退嗎？

另外，法拉第是個很討厭錢的人，就連別人送他錢，即使是他應得的，他也會想辦法推掉。

錢乃身外之物。

甚至不惜與岳父吵架，弄到自己要買實驗器材時，都還要算算口袋裡剩下多少錢。

啊啊，法拉第不要的錢，可以送給我當稿費嗎？

BEHIND the SCENES

我是好面

我是彭傑

各位好，很榮幸能夠跟大家聊聊關於這次作品的一些小事情。

巴羅

哈雷

雷恩

戴維

歐勒斯頓

前期的漫畫整理發現，這些科學家的一生當中，身邊其實也有許多偉大的科學家。

有時會因為收集這些其他科學家的資料，不知不覺看得入迷了。

哇啊啊……一片空白！

不過資料看太多也不是好事，有時看著看著，一天又過了。

所以光是尋找這些東西的資料，就花了不少時間。

十九世紀初的電池又是什麼模樣呢？

十六世紀的義大利人都穿成什麼樣子呢？

十七世紀的鍋爐到底長什麼樣子呢？

除了上面說的東西，除了科學家本人的事蹟之外，因為要畫成漫畫……

112